그림으로 보는
상대성 이론과 양자역학

그림으로 보는
상대성 이론과 양자역학

스티븐 L. 맨리
스티븐 포니어 그림
김동광 옮김

RELATIVITY AND QUANTUM PHYSICS FOR BEGINNERS
by Steven L. Manly

Text © 2009 Steven L. Manly
Illustration © 2009 Steven Fournier
Cover art © 2009 Steven Fournier
All rights reserved.
This Korean edition was published by Kachi Publishing Co., Ltd. in 2013 by arrangement with For Beginners LLC c/o Benay Enterprises, Inc. through KCC(Korea Copyright Center Inc.), Seoul.

이 책은 (주)한국저작권센터(KCC)를 통한 저작권자와의 독점계약으로 (주)까치글방에서 출간되었습니다. 저작권법에 의해 한국 내에서 보호를 받는 저작물이므로 무단전재와 복제를 금합니다.

역자 김동광(金東光)
고려대학교 강사. 과학사회학을 공부했으며, 과학에 대한 글을 쓰고 번역하고 있다. 옮긴 책으로는 「호두껍질 속의 우주」, 「그림으로 보는 시간의 역사」, 「블랙홀과 아기 우주」, 「거인들의 어깨 위에 서서」 등 여러 권이 있다.

그림으로 보는 상대성 이론과 양자역학

저자 / 스티븐 L. 맨리
그림 / 스티븐 포니어
역자 / 김동광
발행처 / 까치글방
발행인 / 박후영
주소 / 서울시 용산구 서빙고로 67, 파크타워 103동 1003호
전화 / 02 · 735 · 8998, 736 · 7768
팩시밀리 / 02 · 723 · 4591
홈페이지 / www.kachibooks.co.kr
전자우편 / kachibooks@gmail.com
등록번호 / 1-528
등록일 / 1977. 8. 5
초판 1쇄 발행일 / 2013. 6. 20
  4쇄 발행일 / 2018. 10. 30

값 / 뒤표지에 쓰여 있음
ISBN 978-89-7291-550-8 03400

이 도서의 국립중앙도서관 출판시도서목록(CIP)은 서지정보유통지원시스템 홈페이지(http://seoji.nl.go.kr)와 국가자료공동목록 시스템(http://www.nl.go.kr/kolisnet)에서 이용하실 수 있습니다.(CIP제어번호: CIP2013007925)

이 책을 바로 여러분, 독자들에게 바칩니다.
이 책이 여러분에게 즐거움을 선사하고, 자연의 신기한 리얼리티 쇼를
보다 깊이 이해하는 데에 도움이 되기를 바랍니다.

차례

1 과학과 인간의 편향 … 9

2 쇼핑에서 살아남기 … 23

3 신기한 자연의 리얼리티 쇼 … 35

4 교수, 얼간이들이 마음대로 하도록 풀어주다 … 53

5 상대적으로 말하기 … 59

6 시공의 휘어진 조직을 서핑하기 … 75

7 상대성 이론과 빛 … 89

8 양자역학과 빛 … 105

9 물질이란 무엇인가? … 117

10 불가사의한 양자역학 … 141

11 기묘한 양자역학, 우주를 만나다 … 163

더 알고 싶은 사람들에게 185
인명 색인 187

1
과학과 인간의 편향

종교는 신앙을 기반으로 삼고, 예술의 토대는 미학이다. 종교와 예술은 모두 인간 조건에 대한 통찰을 줄 수 있다. 한편, 과학의 방법론은 관찰을 가장 중시한다는 점에서 독특하다. 통제되고 재현 가능한 상황에서 우리가 자연에서 보는 것과 부합하지 않는 생각들은 가차 없이 **버려진다!**

과학의 "방법론"? 뭔 소리죠?

> 사람들이 사리를 분별할 수 있을 때, "신앙"은 훌륭한 발명품이다. 그러나 위급할 때에는 현미경이 분별력을 발휘한다.
> ―에밀리 디킨슨(미국의 시인)

내 말 알겠어요, 거트루드? 나는 계속 당신에게 저 얼간이가 지구를 물려받는 불상사가 일어날 거라고 말하는 거예요!

당신들이 지구를 물려받는다면, 둘이 간신히 방 하나쯤은 얻을 수 있겠죠.

초등학교 2학년 때 브로콜리 선생님이 이것을 **과학적 방법**이라고 하셨죠.

과학에서는 누군가가 무엇인가를 보고 그것이 어떻게 작동하는지 가설(또는 이론)을 세운다. 그런 다음, 그들은 그 가설을 검증하기 위해서 실험을 설계한다. 실험을 해본 후, 그 사람은 실험 결과에 따라서 그 이론을 수정하거나 폐기한다. 이러한 과정이 반복되면서, 그 현상에 대한 우리의 과학적 이해가 발달한다.

의사소통, 정직성, 그리고 관찰의 재현 가능성이 과학을 작동시키는 핵심이다. 실험 결과는 명확하고 상세하게 전달되어야 한다. 그래야만 다른 사람들이 그 실험을 똑같이 재현할 수 있다.

그렇기 때문에 전형적인 과학의 글쓰기는

지루하고 **무미건조하다.**

믿을 수 없다면, 아래의 글을 읽어보라.

> 이 논문은 상대론적 중이온 충돌가속기(RHIC)에서 포보스(PHOBOS) 검출기를 이용한 금+금 충돌에서 대전(帶電) 입자들의 타원형 흐름의 에너지 의존 측정을 기술한다. $\sqrt{s_{NN}}$ =19.6, 62.4, 130 그리고 200 GeV(1GeV=10억 전자볼트)의 충돌 에너지에서 얻은 데이터는 폭넓은 의사신속도(pseudorapidity) 범위에 걸쳐 나타난다. 함수 $\eta' = |\eta| - y_{beam}$에 플롯했을 때, 이 결과는 전체에 걸쳐 거의 선형적으로 비례한다. 그 함의는 의사신속도 또는 빔 에너지 증가 함수로서 입자 생성의 동역학에서 급격한 변화가 없다는 것이다.

과학의 의사소통에는 모호함이나 혼란의 여지가 없다. 그 때문에 과학의 모든 분야는 정확하고, 여러 층위를 이루는 특수한 언어, 즉 전문용어를 가지게 되었다.

또한 이처럼 모호하지 않은 명료함에 대한 갈망이, 여러 가지 측정의 근본적으로 정량적인 성격과 함께, 과학에서 수학이 차지하는 비중이 크게 높아진 이유이다.

> 수학은 인간 능력이 우리에게 남긴 유산 중에서 그 무엇보다 강력한 지식의 도구이다.　　　　　　　　　　　　　—르네 데카르트(프랑스의 철학자)

음악도 소통을 한다.……그러나 음악은 사람마다 다른 느낌을 불러일으킨다.

수학과 매우 정확한 언어 덕분에 과학자들은 가능한 혼란을 줄이면서 소통을 할 수 있다.

"그래요? 하지만 과학자가 아닌 우리 같은 사람들은 엄청난 혼란에 빠질 게 뻔해요!"

거기에는 명료함 이상의 무엇인가가 있다. 수학과 개념들의 층위는 종종 질문을 제기할 수 있는 능력을 가지게 하고, 다른 식으로는 가능하지 않은 통찰을 준다.

"그렇다면, 교수님. 정확한 전문용어와 수학이 뒷받침해서 잘 수립된 이론으로 무장한 과학자는 **항상** 옳겠군요! 그렇지 않나요?"

"천만에, 그렇지 않아요. 절대적으로 참인 영역은 과학이 아니라 종교죠. 과학적 개념은 우주에 대한 새로운 사실이 발견될 때마다 언제든 뒤집히거나 수정될 수 있답니다. 또한 과학자도 사람이에요. 그 말은 과학자가 하는 연구에도 인간의 편향이 개입된다는 뜻이죠."

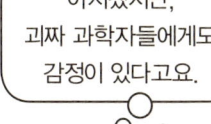

"아시겠지만, 괴짜 과학자들에게도 감정이 있다고요."

> 과학자가 이룩한 가장 괄목할 만한 발견은 과학 그 자체이다.
> —제러드 피엘(미국 과학잡지『사이언티픽 아메리칸』의 명예 회장)

타고난 인간적 경향들
단순 실수

과학자들은 정확한 측정을 하기 위해서 노력하지만, 거기에는 인간의 판단력과 직관이 작용하곤 한다.

과학자들은 자신이 발견하기를 원한 답을 얻었을 때, 종종 실험이나 데이터 분석을 중단하고 혹시 오류가 없는지 살펴본다. 또한 예상치 않은 결과를 얻었을 때에는 문제가 무엇인지 열심히 찾는다.

전문가란 좁은 분야 안에서 일어날 수 있는 모든 실수를 해본 사람이다.
　　—닐스 보어(덴마크의 이론물리학자, 양자역학의 창시자 중 한 사람)

경험의 한계

우리의 감각, 직관, 그리고 데이터를 해석하는 경향은 우리가 일상적으로 접하는 시간, 거리, 속도, 그리고 크기에 맞추어져 있다. 우리가 알고 있는 모든 것이 바로 그것이다.

우리의 예상은 우리가 경험하는 영역에 맞도록 편향되어 있다. 우리가 더 멀리 떨어져 있고, 더 작고, 더 빠른 물체를 볼 수 있게 해주는 새로운 기술이 창안될 때마다 우리는 지금껏 예상하지 못했던 것들을 받아들일 수 있게 우리의 정신을 확장시켜야 한다.

인간 중심적이고 지구 중심적인 개념들

인간은 항상 자신이 중요하다고 생각하고, 자신을 우주의 중심에 놓는 개념들을 좋아한다. 종종 종교가 이런 갈망에 부응한다. 그러나 자연은 이런 고민을 하지 않는 것처럼 보인다.

과학의 방법론은 우리를 인간이 가지고 있는 편향에서 벗어나게 하려고 시도한다.

과학자는 실험 결과를 공유하고, 실험을 반복한다. 그렇기 때문에 건설적이고 숨김 없이 생각이 교환되고, 이전의 실수가 바로잡힌다.

인간의 편향이 포함된 가설을 제안할 수는 있다. 어쨌든, 우리가 특별한 존재일지도 모르지 않은가!

그러나 과학에서 그 가설이 (다른 모든 가설도 마찬가지이지만) 살아남으려면 실험 데이터로 뒷받침되어야 한다. 과학자들은 다른 조건이 동일하고, 선택이 가능할 경우 좀더 단순한 설명을 선호하는 경향이 있다.

이상하게 들릴지 모르지만, 미의식은 과학에서도 일정한 자리를 차지한다. 다시 말해서 과학에도 예술적 측면이 있다. 과학의 방법론에서 중요한 부분이 오컴의 면도날(Ockham's razor)이라고 불리는 것이다. 하나의 데이터를 기술하는 서로 다른 이론들이 있고, 그중 한 가지를 선택해야 한다면, 가장 단순한 것이 최선인 경우가 많다는 것이다.

> Numquam ponenda est pluralitas sine necessitate(필요하지 않은 경우까지 많은 것을 가정해서는 안 된다). ―오컴의 윌리엄(14세기 영국의 신학자)

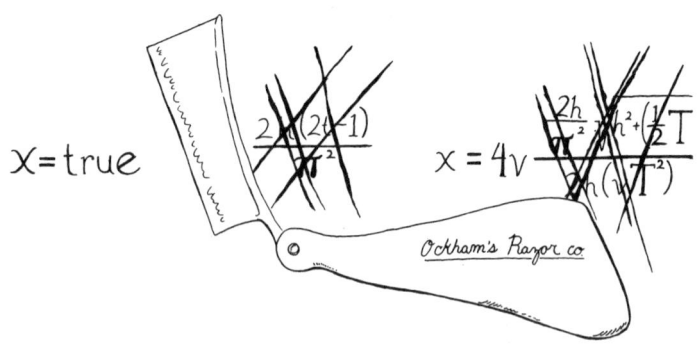

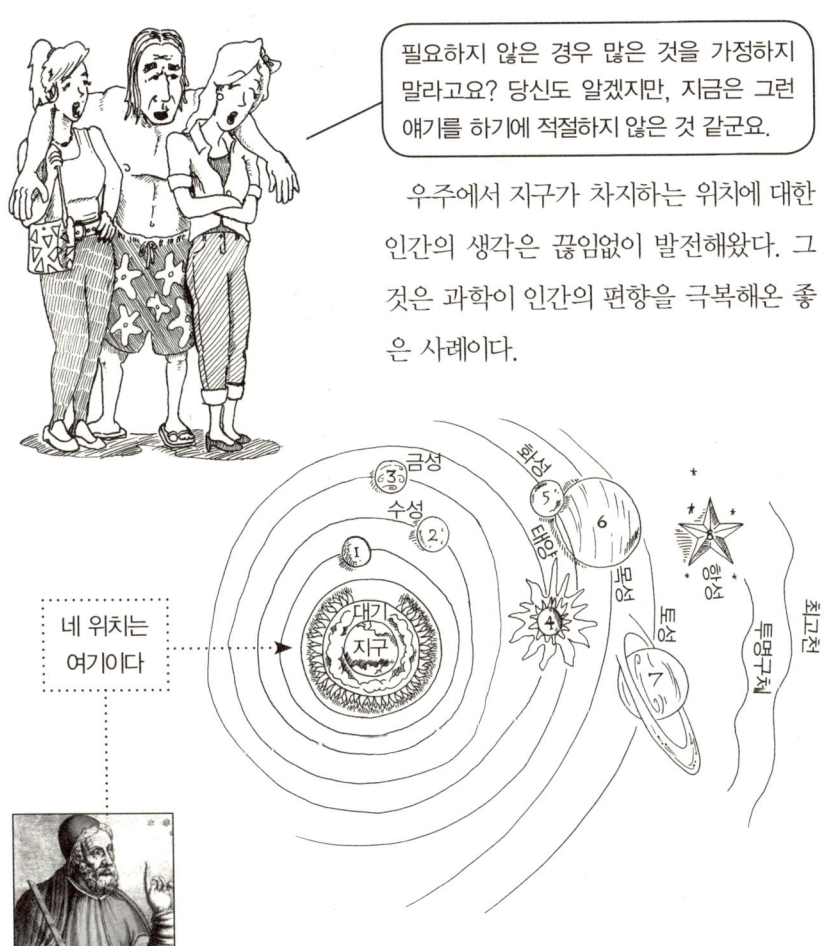

우주에서 지구가 차지하는 위치에 대한 인간의 생각은 끊임없이 발전해왔다. 그것은 과학이 인간의 편향을 극복해온 좋은 사례이다.

클라우디오스 프톨레마이오스
(85-165)

중세에 가장 널리 받아들여진 우주관은 이집트의 천문학자 프톨레마이오스가 150년에 쓴 『알마게스트(*Almagest*)』라는 책에 실린 것이었다. 프톨레마이오스의 우주는 그보다 훨씬 더 이전에 살았던 다른 사람들, 예를 들면 아리스토텔레스나 피타고라스의 추종자들이 주장했던 많은 요소들을 포함하고 있었다. 프톨레마이오스는 태양, 달, 항성, 그리고 당시까지 알려졌던 5개의 행성들이 원 안에 또다른 원을 이루는 투명한(수정체의) 구체들의 복잡한 체계를 이루어 지구 주위를 회전한다고 보았다. 행성, 태양, 그리고 달은 각기 하늘에서 항성들에 대해서 상대적으로 독특한 운동을 하기 때문에, 이 모형이 실제로 관측되는 천체들의 움직임과 일치하려면 원 속에 또다른 원들이 중첩되는 복잡한 배열이 필요했다.

그 후 프러시아의 천문학자(오늘날의 폴란드에서 태어났다) 니콜라우스 코페르니쿠스(1473-1543)가 등장했다. 그리고 그는……

이 부분은 내가 잘 아니까 내가 설명하도록 하죠.……코페르니쿠스는 프톨레마이오스의 얼빠진 그림을 보고는 이렇게 말했어요. "이런, 이건 너무 복잡한 방식이군. 한번 살펴보자고. 지구 대신 태양을 중심에 놓으면 훨씬 간단해지는군. 알다시피……반드시 필요한 경우가 아니면, 그리고 터무니없는 경우가 아니라면 지나치게 많은 가정을 하지 말라고."

죽음이 임박했을 무렵, 코페르니쿠스는 『천구의 회전에 대하여(*De revolutionibus orbium coelestium*)』를 출간했다. 그 책은 결국 프톨레마이오스의 우주론보다 단순하다는 것이 입증된 우주관, 즉 태양 중심 우주관을 제시했다.

단순성(오컴의 면도날이 작동)

인간 중요성의 약화(우주의 중심에서 밀려남)

> 기술이 관측 결과를 향상시킨다

> 관찰과 맞지 않는 낡은 모형들은 새로운 모형이 도입되면 내던져진다

코페르니쿠스가 세상을 떠난 직후 태어난 덴마크의 천문학자 튀코 브라헤는 천체의 운행을 세심하게 측정했다. 그 측정치는 이전까지 얻을 수 있었던 자료에 비해서 훨씬 더 정확하고 엄밀했다. 브라헤는 태양과 달이 지구 주위를 원을 그리며 돌고, 행성들이 각기 태양 주위의 원 궤도를 따라 움직인다는 우주 모형을 창안했다.

브라헤의 관측자료로 무장한 독일의 천문학자이자 수학자인 요하네스 케플러—그는 브라헤의 조수였고 브라헤가 세상을 떠나자 그의 자료를 "훔쳤다"—는 자신의 연구와 독자적인 관측을 계속 수행해서 궤도가 약간 타원형인 행성들을 포함하는 태양 중심 체계가 관측자료를 가장 잘 설명해준다는 사실을 발견했다. 그는 세 가지 행성 운동법칙을 개발했고, 이것은 결국 아이작 뉴턴과 그의 중력 이론으로 설명되었다.

> 새로운 모형을 만들면서 오랫동안 소중하게 여겨졌던 근본적인 선입관이 깨진다(예를 들면, 자료에 비추어 타원 궤도가 더 적합하면 행성들이 원을 그리며 운행한다는 생각을 버리게 된다)

요하네스 케플러
(1571-1630)

> 우리가 알고 있는 것을 안다는 것, 그리고 우리가 알지 못하는 것을 알지 못한다는 것을 아는 것, 그것이 참된 지식이다.　　—코페르니쿠스

　　1610년, 프톨레마이오스의 우주, 즉 지구 중심 우주는 최후의 일격을 당했다. 그해에 이탈리아인 갈릴레오 갈릴레이가 망원경이라는 새로운 장치로 금성의 상(相) 변이를 관찰했다. 금성도 달처럼 차고 이지러지는 상 변이를 한다는 것은 금성이 태양 주위를 공전한다는 강력한 증거였다.
　　실험적 관찰에서 단순성과 일관성의 추구는 더 나은 관찰을 하려는 노력과 결합해서 인류가 우주의 구조에 대해서 품었던 뿌리 깊은 잘못된 확신을 버릴 수 있게 해주었다.
　　인간의 선입관과의 싸움은 오늘날까지 이어지고 있다. 이전보다 더 작게, 더 빨리, 더 크게, 그리고 더 멀리 우리의 지평선을 확장시켜오면서, 우리는 인간 경험의 타고난 선입관들에 맞서 싸우고 우리를 둘러싼 세계에 대한 완전히 새로운 관점을 창안하지 않을 수 없었다. 우리 우주의 리얼리티 쇼만큼 신기하고 흥분되는 일은 없을 것이다.

이 책은 상대성 이론(相對性理論, theory of relativity)과 양자역학(量子力學, quantum mechanics)의 기이하고 혁명적인 이론에 대해서 이야기한다. 그리고 이러한 개념들이 우주에 대한 우리의 이해에 얼마나 놀라운 발전을 가져왔는지를 보여줄 것이다.

가여운 이야기로군요. 하지만 절대 먹히지 않는다니까요. 쓸데없이 선정적인 장면이나 폭력성에 호소하지 말고 돌아와요.

튀코 브라헤는 검을 들고 결투를 하다가 코의 대부분이 잘려 나갔고, 케플러의 어머니는 마녀 재판을 받았죠.

2
쇼핑에서 살아남기

왜! 이 쇼핑몰에서 세일을 한다던데요. 돈을 절약할 좋은 **기회**라고요.

음……나는 신용카드만 있으면 되는데.

멋진 액세서리나 새로 나온 운동화를 사러 쇼핑몰로 가고 있는가? 그곳에 도착해서 근사한 물건들을 찾으려면 시간(time)과 공간(space)이라는 근본적인 개념이 필요하다.

> 대부분의 직관은 무조건적인 믿음을 요구한다. 그러나 과학이라는 제도는 회의를 덕목으로 삼는다.
> —로버트 K. 머턴, 『사회이론과 사회구조(*Social Theory and Social Structure*)』(1962)

과학의 방법론은 자연을 관찰하고, 그 관찰을 다른 관찰과 상관시키는 사람들에게 의존한다. 이러한 일을 하기 위해서 과학자들에게는 시간과 공간이라는 개념이 필요하다.

내 여자 친구가 나보고 흐리멍덩하다(spacey)고 하던데, 그것도 관계가 있나요?

공간과 시간이라는 개념은 꼭 과학자들에게만 해당되는 것은 아니다. 쇼핑, 축구, 사슴 사냥, 노동, 그리고 심지어는……파도타기를 할 때에도 공간과 시간 개념이 필요하다.

이봐요. 파도타기도 엄연한 **노동**이라고요.

공간은 쇼핑몰에서 신상품이 놓인 곳, **시간**은 그것을 즐길 때를 말하나요?

내가 알아! 우주 공간이란 우리가 개척할 마지막 미지의 세계예요, 맞죠? TV에서 본 적이 있어요.

"공간"이라고 할 때 정확한 뜻이 뭐죠?

시간이 뭘까요? 이를테면, 나는 시계를 가지고 있어요. 하지만 시계가 시간은 아니잖아요.

공간이란 사물이 **어디**에 있고, 사건이 **어디**에서 일어났는지를 그 안에서 측정하는 뼈대이다.

시간이란 사물이 **언제** 있었고, 사건이 언제 일어났는지 가늠하는 얼개이다.

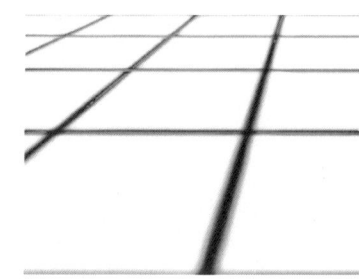

우리 주위의 "사물"은 공간을 차지하기 때문에, 공간이라는 개념이 필요한 이유는 비교적 쉽게 받아들일 수 있어요. 하지만 시간이 존재한다는 것은 어떻게 알죠? 시간은 왜 필요한 거죠?

현대의 천문학자들에 의하면, 공간은 유한하다. 이것은 매우 위안이 되는 개념이다. 특히 물건을 어디에 뒀는지 잘 잊는 사람들에게는 말이다.
— 우디 앨런(미국 영화감독)

> 시간은 내가 그 속에 들어가 낚시를 하는 강물이다.
> ―헨리 데이비드 소로(미국의 사상가)

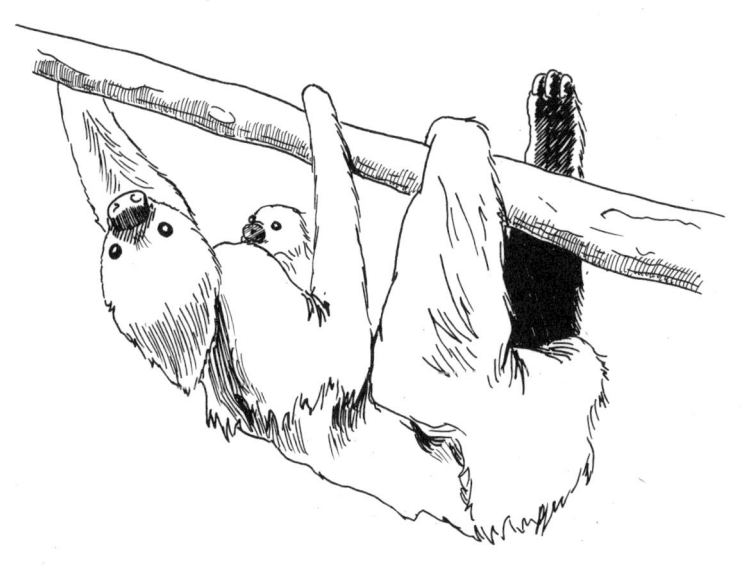

> 시간이 간다고? 천만에! 시간은 그대로 있고, 우리가 갈 뿐이다.
> ―헨리 오스틴 돕슨(영국의 시인)

> 시간은 내가 그 속에 들어가 낚시를 하는 강물이다.
> ─헨리 데이비드 소로(미국의 사상가)

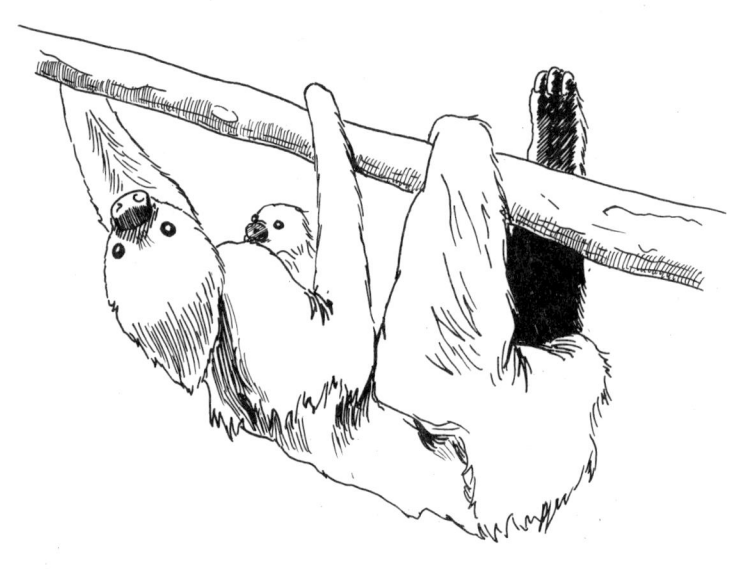

> 시간이 간다고? 천만에! 시간은 그대로 있고, 우리가 갈 뿐이다.
> ─헨리 오스틴 돕슨(영국의 시인)

누구나 알 수 있듯이, 변화가 없는 우리의 삶은 끔찍할 만큼 지루할 것이다. 다행스럽게도, 우리 주위의 우주는 정지해 있지 않다. 실제로 변하지 않는 유일한 상수(常數, constant)가 있다면, 그것은 변화 그 자체이다. 그리고 변화는 시간 개념을 필요로 한다. 시간은 변화를 측정하기 위한 잣대이다.

항상 변하지 않는 것이 있다면 그것은 변화뿐이다.
— 멀리사 에서리지(미국의 싱어 송라이터), "변화"

아버지 시대의 행텐(발가락 열 개를 모두 보드에 걸치는 것/역주) 묘기는 정말 멋있어!

시간이 필요한 유일한 이유는 모든 일이 동시에 일어나지 않기 때문이다.
— 알베르트 아인슈타인

우리 모두는 공간과 시간의 기본 개념을 공유한다. 그것은 우리가 세상을 보는 방식과 불가분의 관계이다.

 일상생활에서 어떤 물체의 위치를 정하려면 3개의 숫자가 필요하다. 과자를 사러 슈퍼마켓에 갔는데, 과자가 어디에 있는지 찾지 못했다고 가정해보자. 그러면 결국 당신은 직원에게 도움을 청할 것이다. 그 직원은 당신이 찾는 과자가 진열되어 있는 위치를 알려주기 위해서 몇 번 진열대로 가야 하는지, 그 진열대에서 어느 정도 위치인지, 그리고 그 위치의 어떤 선반을 찾아야 하는지를 상세히 일러주어야 할 것이다. 이것이 3개의 숫자에 해당한다. 각각의 숫자가 우리가 그 속에서 살아가는 3개의 공간 차원에 상응한다. 여러분이 앉아 있는 방은 길이, 폭, 그리고 높이의 3개의 숫자를 가진다.

> 1분이 얼마나 긴지는 여러분이 화장실 안에 있는지 밖에서 기다리고 있는지에 따라서 달라진다.
> ― 잴(Zall)의 두 번째 법칙

우리는 공간이 3차원 이상인 우주에서 살 수도 있다. 물론 우리는 3차원만을 인식하지만 말이다. 그것이 어떻게 가능할까? 커다란 비치볼 위에 올라탄 개미나 먼바다에 나가 있는 선원을 생각해보자. 두 경우 모두, 그 세계는 편평하고 2차원이다. 그러나 우리는 선원과 개미가 커다란 3차원 물체 위에서 움직이고 있다는 사실을 알고 있다. 이것은 우주가 우리 눈에 보이는 것보다 더 많은 차원을 가진다는 예가 될 수 있을 것이다.

> 장소에서 공간이란 시간에서 영원이 가지는 의미와 같다.
> ― 조제프 주베르(프랑스의 수필가, 윤리학자)

3개의 공간 차원이 시간을 따라 고정된 채 움직인다. 이것이 우리가 공유하고 있는 세계관이다. 그러면 이러한 관점이 무엇을 뜻하는지 분명히 해보자. 방 안에 있는 10명의 사람들에게 정확히 시간을 맞춘 시계를 나눠주고,

나가서 각자 일을 보고 정확히 1시간 후에 돌아오게 한다고 가정해보자. 그들은 1시간 동안 무슨 일을 했는지와 무관하게 같은 시간에 방으로 돌아올 것이다. 시간은 절대적이다. 시간은 당신이 누구든, 무슨 일을 하든 상관없이 같은 속도로 지나간다.

오늘은 어제 우리가 걱정했던 내일이다.
—작자 미상

분명, 우리는 즐거운지, 지루한지, 고통스러운지, 또는 황홀경에 빠져 있는지에 따라서 각각 시간의 흐름을 다르게 인식한다. 그렇지만 시계를 보면 시간은 누구에게나 같은 속도로 흐른다. 그 사람이 행복하든, 슬프든, 그저 그렇든 말이다.

 시간과 공간에 대해서 더 많은 것을 배우고 싶다면, 운동에 대한 연구에서 시작하는 것이 가장 바람직하다. 속도는 어떤 물체가 주어진 시간 동안 (공간 속에서) 얼마나 멀리 갔는지를 가리키는 값이다. 따라서 속도는 시간과 공간을 모두 포함하는 양(量)이며, 우리는 공간과 시간에 대해서 명확한 직관을 가지고 있기 때문에 속도에 대해서도 특정한 예상을 가진다.

> 속도(velocity)와 속력(speed)은 모두 빠르기를 나타내는 말입니다. 일상언어에서 대부분의 사람들은 "속도"와 "속력"을 구분하지 않고 사용하지요. 그러나 엄밀하게 이야기하자면, 둘의 의미는 조금 다릅니다. 속도는 방향이 정해져 있는 빠르기입니다. 자동차가 시속 10킬로미터의 속력으로 북쪽으로 가거나 동쪽으로 갈 수 있죠. 두 경우 속력은 모두 시속 10킬로미터이지만, 속도는 달라요. 왜냐하면 방향이 각기 다르기 때문입니다.

 속력을 쉽게 이해하기 위해서 쇼핑몰에 가서 카페에 앉아 무빙 워크를 탄 사람들을 지켜본다고 상상해보라. 스피드건을 꺼내들고 속력을 측정하기 시작하면 사람들은 당신을 이상하게 쳐다볼 것이다.

사람들을 관찰하고 속력을 측정해서 무엇을 알 수 있을까?

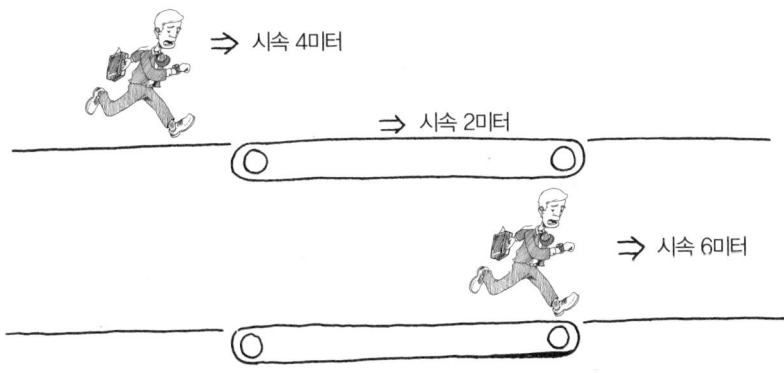

무빙 워크에 타고 당신 앞을 지나가는 사람의 속력은 그가 걸어가는 속력에 무빙 워크의 속력을 더한 값이다.

쇼핑몰 스피드건 실험에서 얻은 결과는 놀라운 것이 아니다. 일상생활에서 속도는 더해진다. 이런 현상은 주변에서 쉽게 찾아볼 수 있다. 다른 예를 들어보자. 시속 40킬로미터로 달리는 차를 타고 쇼핑몰로 가고 있다고 하자. 그런데 당신이 탄 차가 시속 30킬로미터로 달리는 다른 차의 뒤편으로 접근하고 있다고 가정해보자. 이때 속도의 합은 당신이 탄 차가 다른 차에 시속 10킬로미터의 상대 속도로 접근하고 있다는 것을 뜻한다.

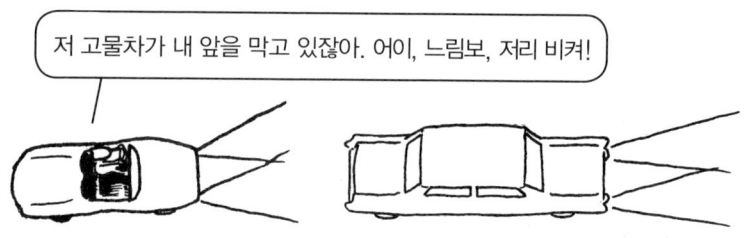

당신이 차를 운전하거나 달리는 사슴에 총을 쏘거나 스포츠 경기를 하고 있을 때, 당신의 뇌는 끊임없이 상대 속도를 계산하고 있다. 사냥꾼이나 패스를 하려는 미식축구 선수는 목표물보다 "앞쪽"을 겨냥한다. 누구나 사용하는 상대 속도의 개념이 바로 당신이 쇼핑몰의 무빙 워크 사고실험(思考實驗)에서 측정했던 값이다. 이 개념은 우리에게 중요하다. 실제로 효과가 있기 때문이다.

> 미식축구에서는 누구도 천재로 불릴 수 없다. 천재란 노먼 아인슈타인 같은 사람을 칭하는 말이다.
> —조 사이즈먼(전 미식축구 쿼터백)

> 1,000야드든 1,500야드든, 어느 쪽이든 나는 달리고 싶다.
> —조지 로저스(전 미식축구 러닝백)

3
신기한 자연의 리얼리티 쇼

당신의 무빙 워크 스피드건 실험이 손님들에게 불쾌감을 준다고 판단한 쇼핑몰 경비원에게 한소리를 듣고 난 후, 쫓겨난 당신은 호기심에 이끌려 스피드건을 들고 이번에는 쇼핑몰 주차장으로 자리를 옮겼다. 지나가는 자동차의 속력을 측정하는 일은 금방 싫증이 났다. 따라서 당신은 자동차의 전조등에서 나오는 **빛**의 속력을 측정할 수 있을지 알아보기로 했다.

그러나 스피드건으로는 빛의 속력을 잴 수 없다는 사실이 드러났다. 그렇지만 당신은 그런 일로 실망하지 않았다. 자동차의 전조등에서 나오는 빛의 속력을 측정할 수 있다고 가정하면 되니까. 그렇다면 과연 당신은 무엇을 보게 될까?

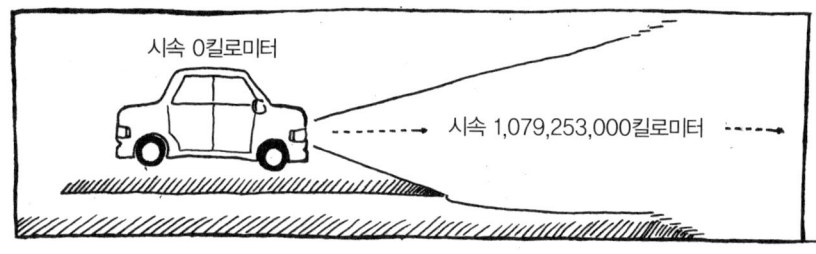

당신은 정지해 있는 자동차에서 나온 빛의 속력이 시속 1,079,253,000킬로미터임을 관찰하게 된다. 이때 자동차가 어느 쪽을 향하든 상관없이 속력은 일정하다.

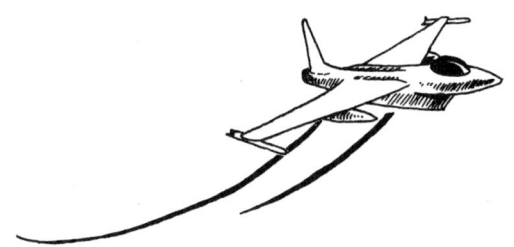

비교를 위해서, 다음과 같은 사실을 생각해보자. F16 전투기의 최고 속력은 대략 시속 2,400킬로미터이다.

빛은 데이트를 하고 있는 서퍼 녀석의 손보다도 빠르다.

우리 과학자들은 계속 "시속 1,079,253,000킬로미터"라고 말해야 하는 것이 귀찮아서, 빛의 속력을 그냥 간단히 "c"라고 합니다.

빛은 너무 빨라서 뉴욕과 샌프란시스코 사이를 대략 1초에 36차례나 왕복할 수 있을 정도이다.

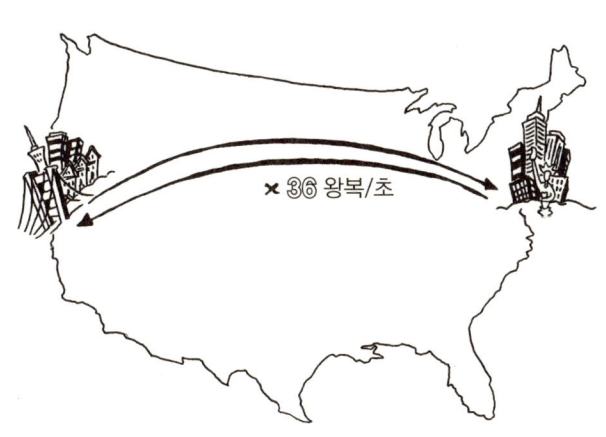

정지해 있는 차와 굉음을 울리며 빠른 속도로 달리는 차에서 나오는 빛의 속력을 측정해도 같은 값 'c'를 얻는다.

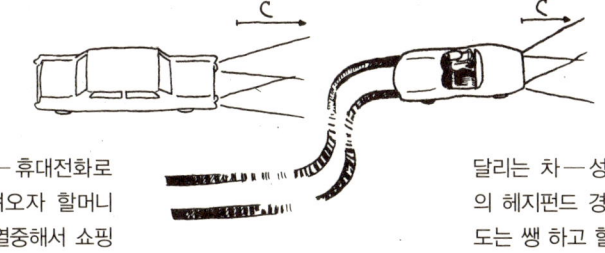

정지한 차 — 휴대전화로 전화가 걸려오자 할머니는 통화에 열중해서 쇼핑몰 입구 한가운데 떡하니 차를 세웠다.

달리는 차 — 성마른 성격의 헤지펀드 경영자인 왈도는 쌩 하고 할머니의 차를 비껴가면서 할머니를 째려보았다.

이것은 쇼핑몰에서 두 사람이 같은 속력으로 걷다가 그중 한 사람이 무빙 워크를 타고 걷고, 다른 사람은 그냥 걷고 있어도 두 사람의 속력은 여전히 같다는 것과 마찬가지이다! 이것은 상대 속력에 대한 우리의 일상적인 직관에 위배된다. 이치에 맞지 않는다.

믿거나 말거나, 당신과 광원(光源)이 어떻게 움직이든 간에 광속(光速)은 항상 일정하다. 그런데 이 괴짜 과학도는 쇼핑몰 주차장에서 그 사실을 발견하지 못했다.

앨버트 마이컬슨과 에드워드 몰리는 1887년 간섭계(干涉計, interferometer)라고 불리는 장치를 이용해서 빛의 속력이 항상 일정하다는 놀라운 사실을 발견했습니다. 이 장치에서 광선은 둘로 나뉘어 서로 다른 두 방향으로 보내졌다가 다시 합쳐집니다. 만약 빛이 두 방향에서 다른 속력으로 이동했다면, 두 광선이 다시 합쳐졌을 때 간섭 현상으로 인해서 빛의 밝기가 변하겠죠. 마이컬슨과 몰리는 아주 빠른 속도로 움직이는 물체에 간섭계를 설치하고 운동 방향으로 방출된 빛의 속력을 운동 방향에 대해서 직각으로 이동하는 빛의 속력과 비교했습니다.……그러나 두 사람은 어떤 차이도 발견하지 못했어요.

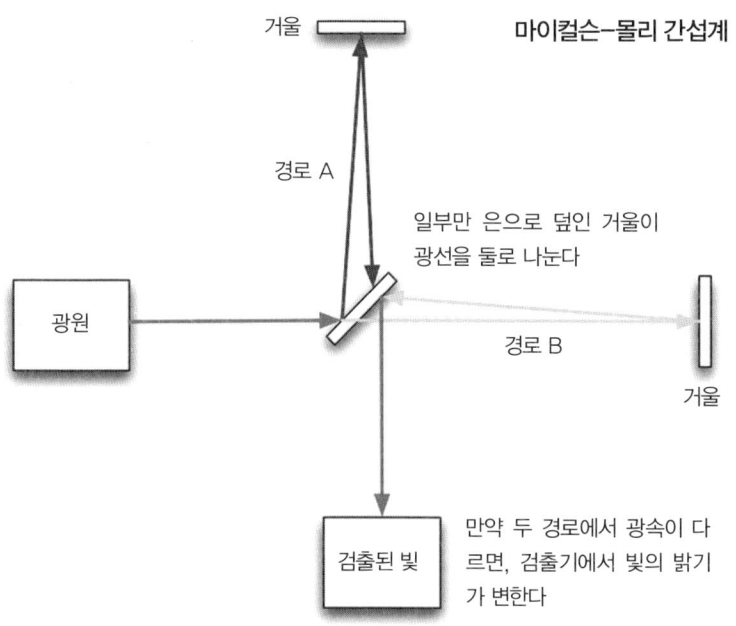

마이컬슨-몰리 간섭계

거울

경로 A

일부만 은으로 덮인 거울이 광선을 둘로 나눈다

광원

경로 B

거울

검출된 빛

만약 두 경로에서 광속이 다르면, 검출기에서 빛의 밝기가 변한다

실제로 마이컬슨과 몰리는 1887년 실험에서 방향에 따른 빛의 속력에 미세한 차이가 있다는 사실을 발견했어요. 그러나 그 차이는 속력이 더해진다는 일반적인 직관으로 예상했던 차이에 훨씬 못 미치는 정도였죠. 이후 좀더 향상된 실험이 거듭되었지만 서로 다른 방향의 빛의 속력에서 아무런 차이도 발견하지 못했답니다.

마이컬슨과 몰리가 그들의 실험에 사용했던 "빠른 물체"—즉 그들의 무빙 워크—는 바로 지구였다. 지구는 태양 주위를 초속 약 30킬로미터의 속력으로 공전하며, 태양계는 은하계 중심 주위를 초속 약 250킬로미터로 회전한다. 두 사람은 지구가 진행하는 방향으로 보낸 광속과 지구의 진행방향에서 수직으로 우주 공간으로 보낸 광속을 비교했다.

휘-익!

이봐요! 나도 서퍼들이 쓰는 간섭 개념에 대해서는 좀 알아요. 그건 온갖 종류의 파도에서 일어나는 현상이죠. 이따금 두 파도가 부딪혀서 하나가 되고, 어떤 지점에서는 또다른 파도가 더해져서 서로를 상쇄시킨다는 건 알죠? 그게 바로 간섭이랍니다!

다음을 보라. 간섭은 끈에서도 일어난다. 이 끈을 타고 가는 파동(波動, wave)들은 서로 간섭한다. 파동들이 서로를 지나갈 때에는 더해진다.

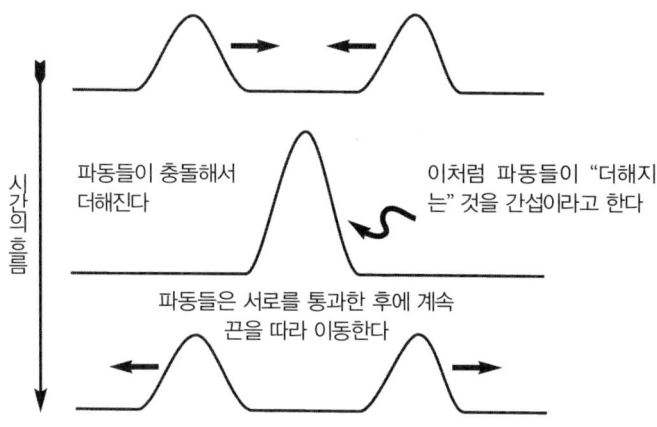

앨버트 마이컬슨은 물리학 분야에서 노벨상을 받은 최초의 미국인이다. 그는 1907년에 노벨상을 수상했다.

우와! 슈퍼 친구, 당신 지금 실수했어요. 피도에서 나타나는 간섭에 대한 얘기는 맞지만, 무식한 당신의 명성을 더럽히지 않으려면 조용히 얘기했어야죠.

그렇군요. 그 점을 생각 못 했네요. 바로 앞의 페이지를 찢어버릴 수는 없을까요?

자연에는 파동의 사례들이 많이 있다. 모든 파동은 큰 경기장에서 관중들이 파도타기를 하는 것처럼 작동한다. 경기장에서 사람들이 파도타기를 할 때, 사람들은 매우 정확한 시점에 일어서고 앉는다. 경기장을 돌며 마치 파도처럼 오르내리는 사람들의 물결이 이는 이유는 관중 개개인이 정확한 순간, 즉 옆 사람이 일어난

직후이면서 다음 사람이 일어나기 직전의 순간에 자리에서 일어나기 때문이다. 이처럼 수많은 사람들이 체계적으로 세심하게 시간을 맞추어 움직이기 때문에 통일되지 않은 개인들의 움직임이 아닌 일사불란한 운동이 가능해지는 것이다. 그 최종 결과는 경기장을 돌아가는 파동 형태의 움직임이다. 파도의 경우에는 물 분자들이 오르내린다. 공기 중의 음파(音波)에서는, 공기 분자들이 이리저리 흔들린다. 기타 줄을 튕길 때 나타나는 파동의 경우, 줄이 아래위로 진동한다.

빛 또한 파동이다. 물론 진동하는 물질이 없기 때문에 조금 이상하기는 하지만 말이다. 빛의 경우, 전기장과 자기장이 파동을 일으킨다. 이 점에 대해서는 나중에 살펴볼 것이다.

과학자도 사람이다. 보통 사람들과 마찬가지로 그도 오랫동안 품어온 믿음을 버리기 싫어한다. 마이컬슨-몰리의 실험 결과가 알려진 후에도 오랫동안 물리학자들은 그 실험을 상대 속도에 대한 직관적 관점과 일치시키기 위해서 애썼다.

이봐요! 어쨌든 그 실험은 옳은 것 같군요. 알겠어요? 나는 나무들이 무성해서 시야를 가려도 숲을 볼 수 있다고 생각해요. 내 얘기를 한번 들어볼래요.

> 내게 특별한 재능은 없습니다. 단지 특이할 정도로 호기심이 강할 뿐입니다.
> ―알베르트 아인슈타인. 카를 셀리히에게 보낸 편지에서

뛰어나고 영향력 있는 인물들은 종종 사태를 꿰뚫어보고 훗날 자명하고 단순해 보이는 물음을 제기할 수 있는 능력을 가지게 되곤 한다. 특히 알베르트 아인슈타인은 이런 면에서 천부적인 재능이 있었다.

> 좀 놀아볼까! 몇 가지 가정을 한 다음, 어떤 결과가 튀어나오는지 보자고요.

> 생각하지 않는 사람들에게는, 최소한 한 번에 하나씩 자신들의 편견을 바꾸는 것이 최선이다.
> ―루서 버뱅크(미국의 식물학자, 원예가)

아인슈타인은 서로 일정한 속도로 움직이고 있는 두 사람이 같은 대상을 관찰했을 때, 거기에 어떤 관계가 있는지 깊이 생각하다가 특수 상대성 이론 (special theory of relativity)을 창안했다. 이때 그가 세운 두 가지 가정이 이 이론의 기초가 되었다.

관찰자가 얼마나 빠르게 움직이는지와 상관없이 빛의 속력은 모든 사람들에게 똑같다.

나뭇잎 1장이 떨어지고, 달걀 1알이 깨지고, 항성 1개가 태어나는 등 모든 사건은 몇 명의 사람들에 의해서든 관찰될 수 있다. 그리고 그들 중에는 서로에 대해서 움직이는 사람들도 있을 것이다. 상대성은 사람들이 같은 사건을 보고 있을 때, 한 사람이 보는 것을 다른 사람이 보는 것과 상관시킨다. "아니, 모두 똑같은 것을 봐야 하는 거 아니야?" 대부분의 사람들은 이렇게 물을 수 있다. 그렇지만 조금 더 읽어보라.

물리법칙은 등속도 운동을 할 경우 이동하는 빠르기와 상관없이 모든 사람에게 동일하다.

그렇다. 그것이 전부이다. 이 두 가지 간단한 가정으로 상대성 이론이 탄생했다. 이제 이 가정들이 어디로 이어지는지 살펴보자.

비프는 트럭의 트레일러에 타고 있고, 버피는 도로가에 앉아 있다. 트럭은 일정한 속도로 달리며 버피를 휙 지나쳤다.

특수한 전등이 트레일러 바닥에서 천장까지 광선을 보내고, 빛은 천장에 달린 거울에 반사되어 다시 바닥으로 간다고 가정하자. 비프와 버피 모두 이 동일한 사건을 관찰한다(트럭 옆면이 유리로 되어 있기 때문에 버피도 볼 수 있다). 그리고 트럭 내부에는 일종의 인개가 끼어 있어서 비프와 버피 모두 빛이 바닥에서 천장으로 갔다가 다시 트럭 바닥으로 반사되는 경로를 볼 수 있다고 상상해보자.

그러면 비프와 버피는 무엇을 보게 될까? 그리고 우리는 두 사람의 관찰을 어떻게 상관시킬까?

비프는 트럭을 타고 움직이고 있다. 따라서 그에게는 빛이 천장을 향해서 수직으로 올라갔다가 다시 바닥으로 수직으로 내려가는 것으로 보인다.

한편 버피는 빛이 천장에 도달했다가 내려오는 동안 달려가는 트럭을 지켜보고 있다. 빛은 일정한 속도로 움직이기 때문에, 그녀는 빛이 움직이는 시간만큼 트럭이 앞으로 달린 것을 보게 된다. 따라서 그녀에게는 빛이 삼각형의 경로로 움직이는 것처럼 보인다.

잠깐. 빛은 엄청 빠르니까, 버피에게도 똑바로 위아래로 움직이는 것처럼 보이지 않을까요?

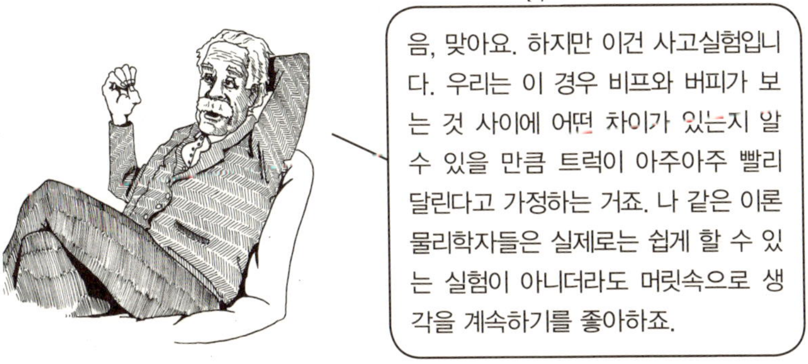

음, 맞아요. 하지만 이건 사고실험입니다. 우리는 이 경우 비프와 버피가 보는 것 사이에 어떤 차이가 있는지 알 수 있을 만큼 트럭이 아주아주 빨리 달린다고 가정하는 거죠. 나 같은 이론 물리학자들은 실제로는 쉽게 할 수 있는 실험이 아니더라도 머릿속으로 생각을 계속하기를 좋아하죠.

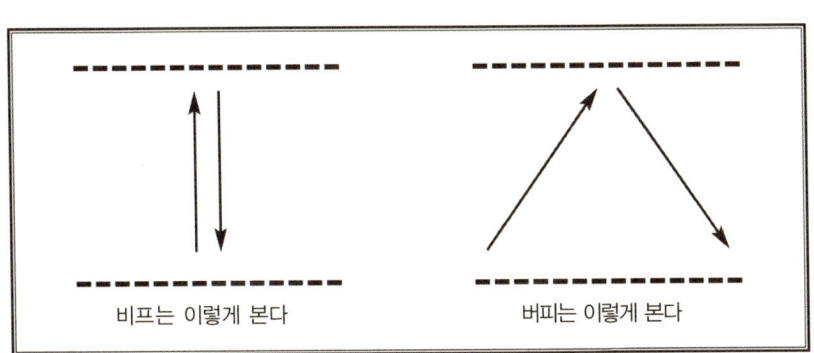

비프는 이렇게 본다 　　　　버피는 이렇게 본다

보는 지점이 다르기 때문에, 비프와 버피에게는 빛의 경로가 다르게 보인다. 버피에게는 빛이 이동한 거리가 비프가 본 것보다 더 길어 보인다.

그래서 뭐? 비프는 항상 좀 이상해요. 비프가 버피와 다르게 보는 게 뭐가 대수죠?

비프든 버피든, 샘이든 샐리든 그건 중요하지 않아요. 문제는 보는 지점이 다르기 때문에 마치 빛이 다른 경로로 움직이는 것처럼 느껴진다는 거죠.

빛의 속력은 빛이 이동한 거리를 그 거리를 이동하는 데에 걸린 시간으로 나눈 값이다. 버피에게는 비프보다 빛이 조금 더 멀리 이동한 것처럼 보인다. 아인슈타인의 첫 번째 가정에 의해서 빛의 속력은 버피와 비프에게 모두 같다. 그것은 빛이 천장에 도달했다가 바닥으로 오는 데 걸리는 시간이 비프보다 버피에게 더 길다는 뜻이다.

좀 쉽게 설명해주실래요?

시간은 절대적이 아니라 상대적이라는 겁니다.

아인슈타인이 이야기하려는 것은 서로에 대해서 상대적으로 움직이고 있는 두 관찰자에게 빛이 같은 속력으로 이동한다고 가정한다면, 두 관찰자에게 시간이 다른 속력으로 흐른다는 뜻이죠! 다시 말해서, 버피가 빛이 이동한 거리가 비프의 경우보다 길다고 느끼고 빛의 속력이 두 사람에게 같다면, 그 사건이 일어나는 데 걸리는 시간이 버피에게 더 길다는 거예요. 그러니까 비프보다 버피에게 시간이 더 빨리 흐르는 거죠.

　방 안에 있는 10명의 사람들에게 시간을 맞춘 시계를 나눠주고 방을 나가 각자 일을 보다가 정확히 1시간 후에 돌아오라고 했던 사례로 돌아가자.

　우리가 시간과 공간에 대해서 가지는 일반적이고 직관적인 관점에 따르면, 사람들이 각기 1시간 동안 무슨 일을 했는가와 무관하게 모두 자신들의 시계를 똑같이 보고 같은 시간에 방으로 돌아올 것이다. 그러나 아인슈타인은 실제로는 그렇지 않다고 이야기한다. 사람에 따라서 각자의 시계에 나타나는 시간은 주어진 1시간 동안 각자가 얼마나 빨리 움직였는지에 따라서 달라질 수 있다는 것이다. 시간은 **상대적**이다.

시간의 흐름에 대한 지각에서 나타나는 이러한 차이는 관찰자들 사이의 상대적인 속도 차이가 클 경우에만 알아차릴 수 있기 때문이죠. 교수님이 곧 설명해줄 거예요.

잠깐. 내가 빠른 속도로 차를 몰면 시간이 느려진다고요? 그런데 나는 일하러 가거나 쇼핑하러 갈 때 왜 그걸 느끼지 못했죠?

이 이야기가 어처구니없이 느껴질 수도 있다. 그러나 수많은 과학 실험이 상대성 이론의 결론을 입증해주고 있다. 예를 들면, 1971년에 J. C. 헤이펠리와 리처드 키팅은 극히 정밀한 시계를 비행기에 싣고 여러 방향으로 하늘을 날면서 지상에 놓아둔 다른 시계들과 시간을 비교했다. 실험 결과, 그들은 비행기의 시계와 지상의 시계의 시간이 다르고, 그 차이는 상대성 이론의 예측과 정확히 일치한다는 사실을 발견했다.

> 상대성 이론은 우리에게 완전히 동일한 실체에 대한 서로 다른 설명들 사이의 관계를 가르쳐준다.　　　　　　　　　　　―알베르트 아인슈타인

4
교수, 얼간이들이 마음대로 하도록 풀어주다

두 관찰자 사이의 상대 속도의 차이가 아주아주 크지 않는 한, 운동이 시간에 미치는 영향은 알아차리기 힘들 정도로 작아요. 빛의 속력에 가까울 정도로 빨라야 그 영향이 분명하게 나타나죠. 이 효과를 기술하는 시간 지연 공식을 이끌어내봅시다. 그러면 모든 게 분명해질 겁니다.

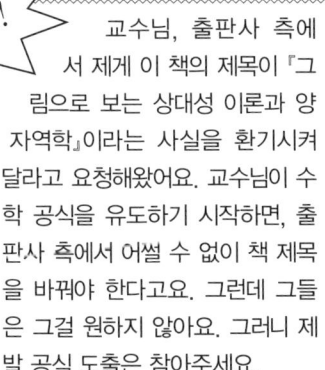

잠깐!

교수님, 출판사 측에서 제게 이 책의 제목이 『그림으로 보는 상대성 이론과 양자역학』이라는 사실을 환기시켜 달라고 요청해왔어요. 교수님이 수학 공식을 유도하기 시작하면, 출판사 측에서 어쩔 수 없이 책 제목을 바꿔야 한다고요. 그런데 그들은 그걸 원하지 않아요. 그러니 제발 공식 도출은 참아주세요.

휴.……사실은 그렇게 어려운 건 아닌데요. 그리고 일부 독자들은 제 공식 유도과정을 따라오면서 재미있어할 텐데 말이죠.……좋아요, 아쉽지만 공식 유도는 생략하도록 하죠.

만약 당신이 출판사 관계자이거나 수학이라면 질색을 하는 편이라면, 이 장의 나머지 부분을 건너뛰세요! 그렇지 않다면 아인슈타인의 시간 지연 공식이 어떻게 유도되는지 알아보는 즐거움을 만끽하길.

이 유도의 핵심은 빛이 천장에서 바닥으로 왕복하는 동안 버피와 비프가 측정한 시간 사이의 관계를 결정하는 것이다. 특수한 사례라는 맥락에서 이루어진 것이기는 하지만, 그 결과는 서로에 대해서 상대적으로 움직이는 모든 두 관찰자에게서 시간이 다른 빠르기로 흐른다는 것을 보여준다.

비프는 이렇게 본다

트럭의 높이를 h라고 하면, 비프의 관점에서 빛은 시간 $T_{비프}$ 동안 2h의 거리를 이동한다. 속력은 거리를 시간으로 나눈 값이므로, 비프에게 빛의 속력은 $c = 2h/T_{비프}$가 된다.

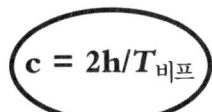

> 수학은 과학으로 통하는 문이자 열쇠이다.
> —로저 베이컨(13세기 영국의 철학자)

버피는 이렇게 본다

버피의 관점에서, 빛은 바닥에서 천장에 도달했다가 다시 바닥으로 가는 데에 시간 $T_{버피}$가 걸린다. 그 시간 동안 속력 v로 달리는 트럭은 $vT_{버피}$의 거리를 이동한다.

속도 = 거리 ÷ 시간, 또는 거리 = 속도 × 시간

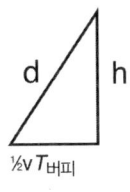

위의 오른쪽 그림을 보면, 빛이 천장으로 이동하는 거리는 왼쪽에 있는 삼각형의 한 변에 해당한다는 것을 알 수 있다. 삼각형의 두 변의 거리 사이의 관계에 대한 피타고라스 정리를 이용하면, 아래와 같은 식을 얻을 수 있다.

$$d^2 = h^2 + (\tfrac{1}{2}vT_{버피})^2$$

따라서 버피에게 빛의 속력은 아래의 식과 같다.

$$c = \frac{2d}{T_{버피}} = \frac{2\sqrt{H^2 + (\tfrac{1}{2}vT_{버피})^2}}{T_{버피}}$$

휴! 이제 조금 재미있는 부분이 나온다. 여러분은 비프가 일어난 사건을 측정한 시간의 관점에서 빛의 속력에 대한 하나의 표현을 얻게 되었다. 그리고 버피가 일어난 사건에 대해서 측정한 시간을 포함하는 빛의 속력에 대한 하나의 표현을 얻은 것이기도 하다. 아인슈타인은 두 빛의 속력이 같다고 말한다. 따라서 우리는 두 값이 같다고 가정하고 비프가 측정한 시간을 버피의 시간으로 표현해보자.

> 오……머리가 어지러운 것 같아요.

비프가 측정한 빛의 속력 = 버피가 측정한 빛의 속력

$$\frac{2h}{T_{비프}} = \frac{2\sqrt{h^2 + (½vT_{버피})^2}}{T_{버피}}$$

두 변을 모두 제곱한다

$$\left(\frac{2h}{T_{비프}}\right)^2 = \left(\frac{2h}{T_{버피}}\right)^2 + \left(\frac{2}{T_{버피}}\right)^2 (½vT_{버피})^2$$

두 변을 $(2h)^2$으로 나눈다

$$\left(\frac{1}{T_{비프}}\right)^2 = \left(\frac{1}{T_{버피}}\right)^2 + \frac{v^2}{(2h)^2}$$

$2h = cT_{비프}$라는 사실을 이용한다

$$\left(\frac{1}{T_{비프}}\right)^2 = \left(\frac{1}{T_{버피}}\right)^2 + \frac{v^2}{(cT_{비프})^2}$$

두 변에 $T_{비프}^2$을 곱한다

$$1 = \left(\frac{T_{비프}}{T_{버피}}\right)^2 + \left(\frac{v}{c}\right)^2$$

$T_{비프}$로 $T_{버피}$를 구하기 위해서 식을 재배열한다

$$T_{버피} = T_{비프} \left(\frac{1}{\sqrt{1-(v/c)^2}} \right)$$

이것이 최종결과입니다.

봐! 껌을 씹으면서 자전거를 탈 수 있어!

아인슈타인의 특수 상대성 이론에 따르면, 한 준거 틀, 즉 버피가 보는 관점과 같은 관점에서 측정된 시간과, 첫 번째 준거 틀에 대해서 속도 v로 움직이는, 비프의 관점과 같은 또다른 준거 틀에서 측정된 시간 사이의 관계는 다음과 같다.

$$T_{버피} = T_{비프} \left(\frac{1}{\sqrt{1-(v/c)^2}} \right)$$

흔히 물리학자들은 이 양(量)을 그리스 문자 γ(감마)로 표시한다.

이 항은 v가 광속에 비해서 훨씬 더 작을 경우 1이다. 이런 경우에 $T_{비프} = T_{비프}$가 된다. 일상생활에서 상대 속도는 광속에 비해서 훨씬 더 작기 때문에, 이 결과는 우리의 직관과 일상적인 경험에 부합한다. 따라서 "상대적" 효과가 우리는 알아차릴 수 없을 만큼 작기 때문에 시간이 절대적인 것처럼, 즉 모든 사람에게 같은 것처럼 보이는 것이다.

두 관찰자 사이의 상대 속도(v)가 광속에 가까워지면, 이 항은 커지고 이 경우 $T_{버피}$가 $T_{비프}$보다 커진다. 그렇게 되면 관점에 따라서 시간의 흐름이 서로 다르게 인식된다. 비프를 태운 트럭이 버피를 광속의 98퍼센트로 지나가면, 이 항은 5가 된다. 이 경우, 비프에게 1초가 지나갈 때 버피에게는 5초가 지나간 셈이 된다.

설령 시간이 상대적이라고 해도 인생의 의미는 **여전히** 푸딩이야.

이봐요. 좀더 실제적인 얘기를 해야 내가 알아듣죠. 내가 이번 금요일에 데이트를 좀더 오래 끌려면 내 차를 더 빨리 몰아야 하나요, 아니면 천천히 몰아야 하나요?

5
상대적으로 말하기

지금까지 상대성 이론에 대해서 이야기한 것들 중에서 우리의 친구 비프와 버피에게만 특별했던 것은 하나도 없다.

미안해요, 비프, 버피. 하지만 당신들은 아인슈타인이 이 이론을 처음 발견했던 때는 태어나지도 않았어요. 핵심은 이래요. 만약 어떤 일이 일어났고, 그 일이 일어나는 데 그 사건에 대해서 정지한 채로 서 있는 누군가가 측정한 특정한 시간만큼 걸린다면, 그 사건이 일어나는 데 걸리는 시간은 그 사건에 대해서 움직이고 있는 누군가에게 걸리는 시간보다 길다는 겁니다. 만약 그 사건에 대해 상대적인 속력이, 가령 광속에 가까운 정도로, 아주 빠르다면, 그 차이는 크겠죠. 하지만 가령 시내를 달리는 버스처럼 상대 속력이 느리면, 그 차이는 결코 알아차릴 수 없습니다.

예를 들면, 뱀이 쥐를 먹고 있다고 하자. 우연히 그 불쌍한 쥐가 먹히는 모습을 멈춰서 지켜보고 있던 버피에게 뱀이 쥐를 다 먹어치우는 데에 걸린 시간이 1분이었다고 가정해보자.

이런, 끔찍한 얘기군요.

작고 경쾌한 로켓을 타고 광속의 98퍼센트의 속력으로 날아가는 비프에게는 뱀이 쥐를 먹는 데에 5분이 걸리는 것처럼 보일 것이다.

하지만, 같은 쥐잖아요? 도대체 누구 말이 옳은 거죠?

> 이 상대적 효과를 "시간 팽창(time dilation)"이라고 한다.

둘 다 옳아요. 상대성 이론은 한 "준거 틀"에서 이루어진 관찰이 다른 준거 틀에서 보이는 모습과 어떻게 다른지 얘기해주죠. 시간의 경과는 관찰자의 관점에 따라 달라져요. 시간은 상대적이거든요!

상대성 이론은 **시간**만을 다루지 않아요. 상대성 이론은 시간을 포함해서 여러분이 서로 다른 관점에서 관찰하고 측정하는 **모든 것**을 다루죠.

뭐든지 다요? 여자도? 나는 남자라서 여러 관점에서 여자들을 보기를 좋아하거든요.

어휴. 서퍼 친구, 이건 가족 모두가 보는 책이에요, 알겠어요? 우리는 지금 시간과 공간(또는 위치), 에너지와 힘과 같은, 과학자가 측정할 수 있는 것들에 대해서 이야기하는 중이란 걸 명심해줘요.

아인슈타인의 두 가지 가정, 그리고 우리가 비프와 버피 그리고 트럭에서 보았던 것과 유사한 실험을 통해서, 시간이 절대적이지 않듯이 공간 역시 절대적이지 않다는 것을 알 수 있다. 시간 속을 미끄러지는 3개의 불변의 차원을 가진 공간이라는 우리의 직관은 옳지 않다. 상대성 이론은 위치나 공간에 대한 사람들의 지각이 당신의 준거 틀에 따라서 달라지며, 시간에서 보았던 것과 마찬가지로 기괴하다고 이야기해준다.

상대성 이론이 공간에 대해서 무슨 이야기를 하는지 알아보기 위해서, 다시 쥐를 먹고 있는 뱀 이야기로 돌아가자. 뱀 옆에 정지한 채로 앉아 있는 버피는 자로 뱀의 길이를 재서 뱀이 1미터라는 것을 알았다.

> 여전히 기분 나쁜 사례군요.

한편, 비프는 광속의 98퍼센트 속도로 지나치면서 뱀을 보았고, 그가 측정한 뱀의 길이는 20센티미터밖에 되지 않았다. 즉 5분의 1에 불과했다. 이 기이한 길이 수축 현상 역시 비프가 거의 광속에 가까운 빠르기로 움직일 때에만 알아차릴 수 있다.

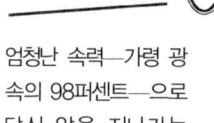

> 이러한 상대 효과를 "길이 수축(length contraction)"이라고 부른다.

훌륭한 투수가 던진 야구 공이 당신 앞을 지나갈 때는 이런 모습일 것이다.

엄청난 속력—가령 광속의 98퍼센트—으로 당신 앞을 지나가는 야구 공은 이런 모습에 더 가까울 것이다.

상대성 이론에 의한 길이 수축과 시간 지연에 조금 익숙해졌다면, 다음 이야기를 들어보라.

> 지금까지 우리는 공간과 시간을 마치 독립된 것처럼 이야기했어요. 그러나 나는 잔소리가 심한 사람이라서 이제 제대로 바로잡아야 할 것 같군요. 교수 양반, 이제 시작하죠.

고마워요. 아인슈타인 교수님. 아인슈타인 교수는 하나의 준거 틀(관점)에서 이루어진 관찰을 다른 준거 틀의 관찰과 어떻게 상관시키는지 발견했어요. 그렇지만 시간과 공간은 실제로는 별개가 아닙니다. 일반적으로, 모든 준거 틀에서 각각의 사건은 특정 시간과 공간에서 일어나죠. 한 준거 틀에서의 위치가 다른 준거 틀에서의 시간과 위치 모두에 의존한다는 것이 밝혀졌어요. 또한, 한 준거 틀에서의 시간은 다른 준거 틀에서의 시간과 위치에 좌우되죠. 물리학자들은 이처럼 준거 틀 사이에서의 관찰을 상관시키는 수학식을 "로렌츠 변환(Lorentz transformation)"이라고 부릅니다.

수학을 좋아하는 사람들을 위해서 식을 이용하여 설명하면, 교수가 이야기하려고 했던 것을 다음과 같이 표현할 수 있다.

버피가 길가에 앉아서 폭죽이 시간 t와 위치 x(길을 따라)에서 터지는 모습을 보고 있다고 하자. 상대성 이론에 따르면, 비프가 속도 v의 자동차로 $t=0$에 정확히 버피를 지나쳤다면, 비프는 폭죽이 위치 x'와 시간 t'에 폭발하는 모습을 보게 될 것이다.

여기에서 한 관점에서 다른 관점으로 "변환되면서" 시간과 위치가 완전히 뒤섞인다는 것을 주목하라. 만약 v가 작다면, 즉 비프가 느리게 움직인다면, γ는 1과 같고, $x'=x$, 그리고 $t'=t$가 된다. 다시 말해서, 비프와 버피는 같은 대상을 보고 있는 것이다. 그러나 v가 아주 크면, 즉 광속과 거의 비슷한 정도(가령 $0.9c$)라면, γ가 커져서 비프와 버피는 전혀 다른 것을 보게 된다.

$$\gamma = \frac{1}{\sqrt{1-(v/c)^2}}$$

$$\left[\begin{array}{l} x' = \gamma(x - vt) \\ t' = \gamma(t - v\frac{x}{c^2}) \end{array}\right.$$

상대성 이론에서 한 관점과 다른 관점에서 이루어진 측정을 상관시킬 때 시간과 공간이 모두 뒤섞이기 때문에, 물리학자들은 더 이상 시간과 공간을 분리된 실체로 간주하지 않는다. 시간과 공간 대신, 물리학자들은 **시공**(時空, space-time)에 대해서 이야기한다.

게다가 시공이라고 하면 정말 멋있게 들리거든요!

왜 물리학자들은 서로 다른 준거 틀(reference frame)에서 이루어진 관찰들을 상관시키는 방정식을 "로렌츠 변환"이라고 부르죠? 그 방정식들은 알베르트 아인슈타인이 만든 게 아닌가요? 그렇다면 왜 "아인슈타인 변환"이나 "아인슈타인의 황당하게 괴상한 방정식"이라고 부르지 않는 거죠?

이러한 문제들을 깊이 생각했던 사람이 아인슈타인만은 아니었다. 실제로 로렌츠 변환은 1905년에 아인슈타인의 연구가 나오기 전에 이미 알려져 있었다. 헨드릭 로렌츠와 그 밖의 사람들은 앞선 조사를 통해서 이러한 관계를 밝혀냈고, 그들이 제기했던 개념들 중 많은 부분이 아인슈타인의 특수 상대성 이론에 포함되었다.

로렌츠는 네덜란드의 물리학자로 1902년에 자기(磁氣)가 원자에서 방출된 빛에 미치는 영향에 대한 연구로 노벨상을 받았다.

내 생각엔 푸딩은 상대적인 게 아니라 절대적이야. 나는 이것을 "상대적 푸딩 불변의 원칙"이라고 부르겠어.

이 최고의 정신에서 나온 모든 것은 훌륭한 미술 작품처럼 명료하고 아름답다. 개인적으로 그는 내가 평생 동안 만났던 그 누구보다도 중요한 사람이었다.　—알베르트 아인슈타인, 로렌츠 탄생 100주년을 기리며 썼던 글에서

상대성 이론은 우리가 한 관점과 다른 관점의 관찰들을 상관시킬 때 쓰는 것입니다.

모든 관찰이라고요? 내가 기분이 나쁜 상태인 친구 버피를 관찰하면 어떻게 되죠? 나에 대해서 상대적으로 움직이고 있는 누군가가 버피의 감정을 느끼려면 상대성 이론이 필요한가요?

이런, 그건 아니에요! 그런 종류의 관찰을 말하는 게 아니라고요. 내가 말하는 것은 위치, 시간, 에너지, 질량, 운동량, 힘처럼 과학자들이 측정하는 대상이에요. 어쨌든, 행운을 빌어요. 그녀가 화난 것처럼 보이니.

아인슈타인 교수님, 그들에게 한 가지 예를 들어주는 게 어떨까요. 그건 우리가 잘 알듯이 **운동량 보존의 법칙**(theory of momentum conservation)이라고 불리는 기본 물리법칙 중 하나잖아요. 운동량은 질량 곱하기 속도이고, 두 물체가 충돌하면 그 물체들의 속력과 방향은 변화하지만 운동량의 전체 값은 같은 상태로 유지(또는 물리학자들이 쓰는 용어로 **보존**)되죠. 몸집이 크고 빨리 달리는 축구 선수가 그보다 작은 선수와 부딪혀도 계속 앞으로 달려나갈 수 있는 것은 그 때문입니다. 물리학에서 운동량과 운동량 보존이 아주 중요하고 유용하기 때문에, 서로 다른 관점에서 측정했을 때 운동량이 어떻게 다르게 나타나는지 이해하는 것은 무척 중요해요. 하나의 준거 틀에서 그에 대해서 상대적으로 움직이는 다른 준거 틀로 운동량이 어떻게 변환되는지 살펴볼 필요가 있어요.

또한, 상대성 이론의 근본적인 가정 중 하나인, 어떻게 움직이든, 모두에 대해서 물리법칙은 항상 동일하다는 점을 기억해 두세요. 다시 말해서, 어떻게 움직이든, 모든 관찰자에 대해서 운동량이 보존되어야 한다는 뜻입니다.

헉!

하하, 운동량은 내 편이야!

준거 틀을 가로질러 서로 다른 관찰이 상관될 때, 공간과 시간이 뒤섞이는 것과 마찬가지로, 아인슈타인은 모든 시점에서 운동량 보존의 법칙이 참이 되려면(반드시 그리해야 하기 때문에) 운동량 역시 뭔가 다른 것과 뒤섞인다는 것을 발견했다. 그 뭔가 다른 것은 상대 에너지(relativity energy) E라고 불린다.

$$E = \gamma mc^2 = \frac{mc^2}{\sqrt{1-(v/c)^2}}$$

$$= \underbrace{mc^2}_{\text{항 1}} + \underbrace{\tfrac{1}{2} mv^2}_{\text{항 2}} + \cdots$$

속력 v가 광속에 가깝게 접근하지 않는 한, 항 1 항 2 이후의 항들은 너무 작아서 무시할 수 있을 정도이다

위의 식에서 두 번째 항은 운동 에너지(kinetic energy)라고 불린다. 이것은 말 그대로 운동의 에너지이며, 물리학자들은 아인슈타인보다 훨씬 이전에 이미 이것을 에너지의 한 형태로 이해하고 있었다.

그러나 v=0인 경우, 즉 여러분이 정지한 상태로 질량 m을 가진 어떤 물체를 관찰하고 있는 경우를 생각해보자. 이때 첫 번째 항은 여전히 존재한다. 상대성 이론에 따르면 질량이 있는 모든 물체는 정지 에너지(rest energy)를 가진다.

질량과 에너지가 동전의 양면이라는 생각은 아인슈타인에게 새로운 것이 아니었다. 그러나 이 에너지와 질량의 관계의 근본적인 성격, 그리고 공간과 시간의 변환에 대한 관계는 상대성 이론에 의해서 밝혀진 또 하나의 놀라운 사실이었다!

저기요, 설명 좀 해주시죠……나는 이 방정식을 평생 동안 봐왔다고요. 그런데 저게 나랑 무슨 상관이죠? 도대체 내가 왜 신경을 써야 하는 거죠? 그 방정식이 내게 더 멋진 파도라도 가져다주나요?

더 멋진 파도를 주냐고? 그렇지는 않을 걸세.

이 방정식은 기초 과학은 물론이고 우리 사회 전체에 엄청나게 중요하다. 또한 자연과 항성의 힘, 그리고 우주의 진화를 이해하는 열쇠를 쥐고 있다.

무슨 일을 하든 우리는 에너지가 필요하다. 물리학의 기본 법칙 중 하나가 에너지 보존의 법칙이다. 그 법칙은 겉으로는 어떻게 보이든 간에, 에너지는 생성되거나 소멸되지 않는다는 것이다.

그래요? 어디 한번 따져보죠. 처음에는 차가운 장작더미였지만, 우리가 불을 붙여서 따뜻해졌어요. 그런데도 당신은 우리가 에너지를 만들지 않았다고 말하는 건가요? 분명 우리가 에너지를 만들었다니까요.

> 천만에. 당신은 에너지를 **만들지** 않았어요. 다만 그 **형태를 바꿨을** 뿐이죠. 물리법칙에서 에너지의 형태를 바꾸는 건 가능합니다.

에너지는 여러 가지 형태를 띤다. 이 점을 이해하려면 우리가 에너지라고 말할 때, 무엇을 뜻하는지 생각해보는 데에서 시작하는 것이 좋다. 비공식적으로, 물리학자는 에너지가 물체를 이동시키는 능력이라고 생각한다. 가장 분명한 에너지의 형태는 운동 에너지이다. 움직이는 자동차는 물체를 이동시키는 능력을 가진다. 어떤 물체와 부딪히면 그 물체가 움직일 테니까.

잡아당겨진 용수철도 에너지를 가진다. 그 끝에 어떤 물체를 매달고 당겼던 용수철을 놓으면 그 물체를 이동시킬 수 있기 때문이다. 당겨진 용수철의 에너지를 위치(탄성 위치) 에너지(potential energy)라고 한다. 용수철을 놓을 때까지 에너지가 그 속에 저장되어 있기 때문이다. 따라서 잡아당겨진 용수철은 물체를 움직일 수 있는 **잠재력**을 가진다.

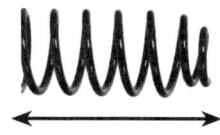

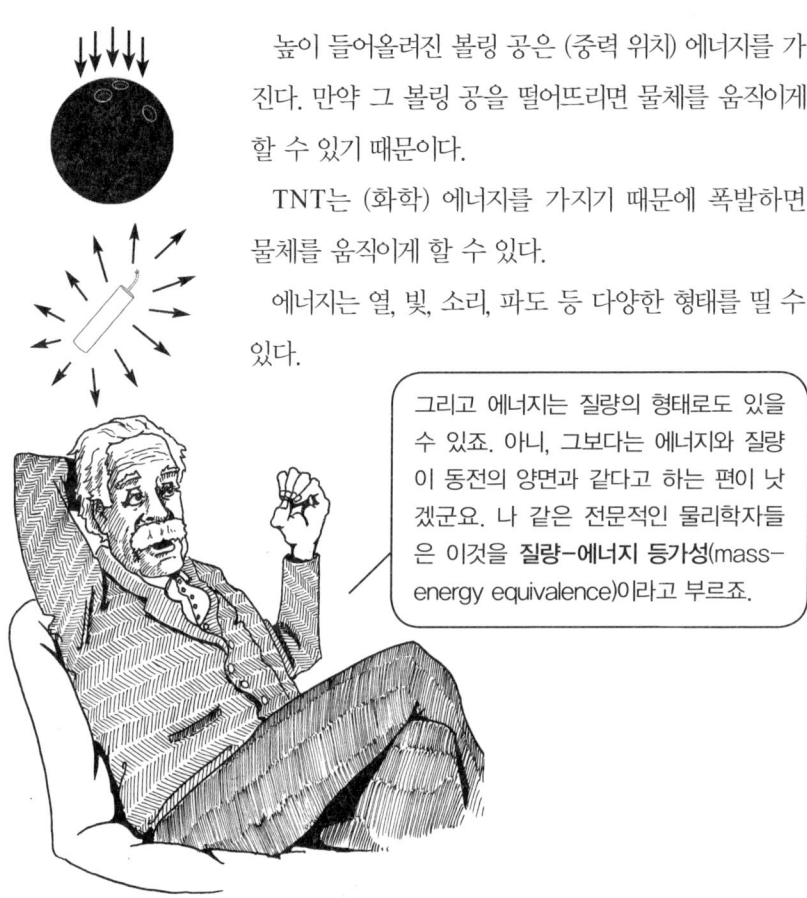

높이 들어올려진 볼링 공은 (중력 위치) 에너지를 가진다. 만약 그 볼링 공을 떨어뜨리면 물체를 움직이게 할 수 있기 때문이다.

TNT는 (화학) 에너지를 가지기 때문에 폭발하면 물체를 움직이게 할 수 있다.

에너지는 열, 빛, 소리, 파도 등 다양한 형태를 띨 수 있다.

그리고 에너지는 질량의 형태로도 있을 수 있죠. 아니, 그보다는 에너지와 질량이 동전의 양면과 같다고 하는 편이 낫겠군요. 나 같은 전문적인 물리학자들은 이것을 **질량-에너지 등가성**(mass-energy equivalence)이라고 부르죠.

물이 든 주전자를 난로 위에 놓고 가열하면, 물이 열 에너지를 얻는다. 관점을 달리하면 물의 질량이 약간 더 커졌다고 생각할 수도 있다. 물론 질량 변화가 너무 작아서 측정하기는 어렵지만 말이다.

질량-에너지 등가성은 현대 물리학에서 매우 중요한 개념이다. 양자역학, 힘, 그리고 우주의 기원을 이해하기 위해서는 빼놓을 수 없는 개념이기 때문이다. 이 점은 이 책의 뒷부분에서 다시 다룰 것이다. 흥미로운 사실은 질량 에너지를 다른 형태의 에너지로 바꿀 수 있고, 그 역(逆)도 가능하다는 것이다.

이봐. 마누라가 내 뱃살이 나날이 불어나서 세금을 추가로 감면받을 만하다고 계속 잔소리를 하던데. 당신 생각으로는 이 질량의 일부를 에너지로 바꿀 수 있을 것 같나? 그렇게 된다면 그걸 아인슈타인 다이어트라고 부르면 딱이겠군 그래. 그리고 심야 홈쇼핑에서 광고를 하면 대박이겠는걸? 어떻게 생각하시나?

음……그건 아닌 것 같은데요.……하지만 좀더 근사한 예가 있어요. 우리 주위에 있는 물질은 모두 원자로 이루어져 있죠. 그런데 원자는 대부분 비어 있는 공간이에요. 모든 원자는 극도로 작은 **원자핵**(原子核, nucleus)과 그 주위를 둘러싸고 있는 그보다도 더 작은 **전자**(電子, electron)라고 불리는 입자들로 이루어져 있죠. 원자의 질량은 대부분 원자핵이 차지하고 있고, 원자핵은 **양성자**(陽性子, proton)와 **중성자**(中性子, neutron)라고 불리는 입자들로 이루어져 있습니다.

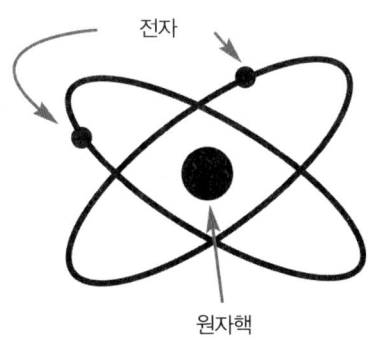

우주에는 모두 100가지가 약간 넘는 서로 다른 종류의 원자들이 있다. 각각의 원자 종류들은―원소(元素, element)라고 부르는―원자핵의 크기, 좀더 구체적으로 말하면 원자핵 속에 들어 있는 양성자의 수로 다른 원자와 구별된다. 예를 들면, 수소 원자는 양성자가 1개인데 비해서, 우라늄은 92개, 탄소는 6개이다.

> 그렇다면, 캠핑장에서 밥 아저씨가 불을 피울 때 무슨 일이 일어난 거죠? 에너지가 어떻게 열과 빛의 형태로 변할 수 있는 거냐고요?

> 내가 설명해주지. 나무 속에 있는 원자들은 분자라고 불리는 구조로 배열되어 있네. 나무가 탈 때, 커다란 나무 분자들이, 에너지를 덜 저장하고 있는 더 작은 분자들로 쪼개지게 되지. 이 에너지의 차이로 열과 빛이 방출되는 거라네. 만약 우리가 엄청나게 작은 질량 차이를 측정할 수 있다면, 원래 나무의 질량이 나무가 불타면서 만들어진 산물들의 질량보다 약간 크다는 것을 알 수 있을 거야.

> 우와! 도대체 밥 아저씨에게 무슨 일이 일어난 거죠? 외계인이 아저씨를 납치해가고, 그 자리에 로켓 과학자를 남겨둔 건가요?

분자 속의 원자들이 다른 분자로 재배열될 때, 이 과정을 화학반응(chemical reaction)이라고 한다. 이 반응을 일으키기 위해서 에너지를 투입해야 할 때도 있고, 반대로 에너지를 방출하는 경우도 있다. 예를 들면, 수류탄이 터지거나 휘발유가 연소할 때, 우리는 그 과정에서 에너지를 얻는다. 비슷한 일이 원자핵 안에서도 일어난다. "핵반응(nuclear reaction)"에서는 양성자와 중성자가 다른 원자핵으로 재배열된다. 핵반응 전후에 나타나는 에너지 차이는 화학반응에 포함된 에너지 차이보다 엄청나게 크다. 재래식 폭탄이 "쿵" 하고 터진다면, 핵폭탄은 "쿠르르-쾅" 하고 엄청난 위력으로 터지는 것은 그 때문이다!

아주 커다란 원자핵이 그보다 작은 두 개의 핵으로 분열될 때, 이 과정을 **핵분열**(nuclear fission)이라고 한다. 원자로와 원자폭탄의 원리가 바로 이 과정이다.

두 개의 작은 원자핵이 하나로 합쳐지는 과정을 **핵융합**(nuclear fusion)이라고 한다. 핵융합은 가장 큰 핵탄두를 만드는 데에 사용된다. 그런데 더 중요한 것은 핵융합이 태양과 같은 항성들이 빛과 열을 내게 하는 기본 동력원이라는 점이다.

핵전쟁이 일어나면 너나없이 모두 한 줌의 재로 변한다.
—덱스터 고든(재즈 색소폰 연주가)

성냥을 발견했다고 인류가 파멸되지 않듯이 핵 연쇄반응의 발견이 반드시 인류의 절멸로 이어지지는 않는다. 우리는 그 남용을 막기 위해서 할 수 있는 모든 노력을 기울여야 한다. —알베르트 아인슈타인

자연은 중립이다. 인간은 이 세상을 사막으로 만들 수도 있고 사막을 꽃밭으로 만들 수도 있는 능력을 자연에서 얻었다. 원자 안에는 어떤 악(惡)도 없다. 오직 인간의 영혼에만 악이 있을 뿐이다.
—아들라이 스티븐슨(미국의 정치가)

6
시공의 휘어진 조직을 서핑하기

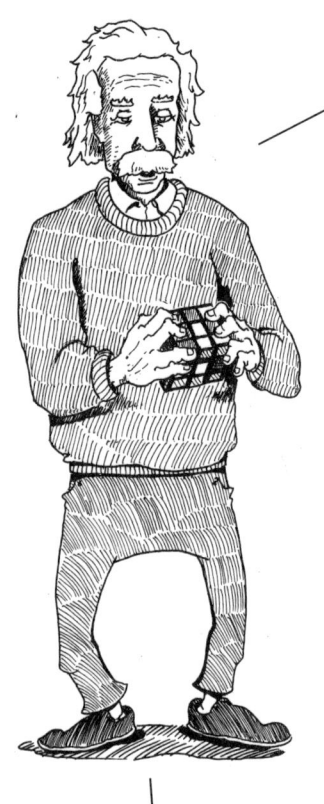

> 앞에서 교수가 설명했듯이, 특수 상대성 이론에서 "특수"는 그 이론이 서로에 대해서 일정한 속도로 움직이는 사람들 사이의 측정치를 상관시킬 때에만 타당하다는 뜻이죠.

> 나는 당신이 어마어마한 천재라고 알고 있는데……그런데……도대체 왜 우리가 사람들이 일정한 속도로 움직이고 있는지 따위에 신경을 써야 하는 거죠? 정말. 버피, 너는 이런 데 관심 있니? 나도 관심없다고. 일정한 건 지루해. 그렇지 버피?

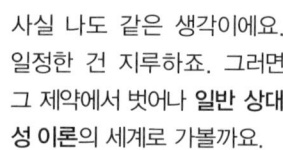

> 사실 나도 같은 생각이에요. 일정한 건 지루하죠. 그러면 그 제약에서 벗어나 **일반 상대성 이론**의 세계로 가볼까요.

 빠르게 움직이는 엘리베이터에 타고 있을 때 몸무게가 변하는 듯한 느낌을 받은 적이 있는가? 엘리베이터가 위쪽으로 빠르게 움직이면(가속되면) 몸이 무거워지는 것처럼 느껴진다. 실제로 엘리베이터에 설치한 저울 위에 서 있다면, 저울에 표시된 몸무게가 늘어날 것이다.

세상에! 앞으로는 절대 안 먹을 거야. 이 무게 좀 봐!

실제로, 당신이 엘리베이터처럼 닫힌 상자 안에 있고 바깥을 내다볼 수 없다면, 지구상에 있는 작은 방 안에 있는 것인지, 아니면 당신이 지구상에서 느끼는 것과 같은 힘으로 당신을 바닥으로 누르는 만큼의 가속도로 지구에서 멀리 떨어진 우주 공간으로 나아가는 작은 상자 속에 들어 있는 것인지 구분할 수 없다.

오, 제-발! 뭔가 과학적으로 이야기하고 싶으면, 그것보다는 더 인상적으로 들리도록 말할 필요가 있어요! 내가 오래 전에 했던 이야기는 가속되는 준거 틀을 중력과 구분할 수 없다는 것이었죠. 그걸 **등가 원리**(equivalence principle)라고 부릅니다.

등가 원리는 일반 상대성 이론이 가속되는 준거 틀 사이의 관계를 기술하는 것에 그치지 않고 **중력 이론**이기도 하다는 뜻입니다.

사물이 서로에 대해서 일정한 속도로 움직여야 한다는 요구를 포기함으로써, 특수 상대성 이론은 더 이상 작동하지 않는다. 일반 상대성 이론에서, 아인슈타인은 서로에 대해서 가속되고 있는 시점들 사이에서 이루어지는 측정을 상관시킬 때 어떤 일이 일어나는지 연구했다.

그러니까 이 아인슈타인이라는 사람은 특수 상대성 이론으로 정말 이상하기 짝이 없는 세상을 폭로한 거군요. 이런 질문을 하기는 정말 싫지만……일반 상대성 이론에서는 어떤 종류의 기묘한 일들이 벌어지는 거죠?

정말 알고 싶어요? 그렇다면 나를 따라 이 작은 방으로 들어와요.

중력은 가속도와 똑같이 느껴진다. 당신이 자동차에 타고 있는데 운전사가 가속 페달을 밟았다고 하자. 그러면 차가 앞으로 급하게 나가고(가속되고) 당신은 좌석 뒤쪽으로 밀려나게 된다. 이것이 아인슈타인의 등가 원리의 핵심이다.

당신이 창문이 없는 작은 방에 있다면, 다음에 설명하는 두 가지 상황을 구분할 수 없을 것이다.

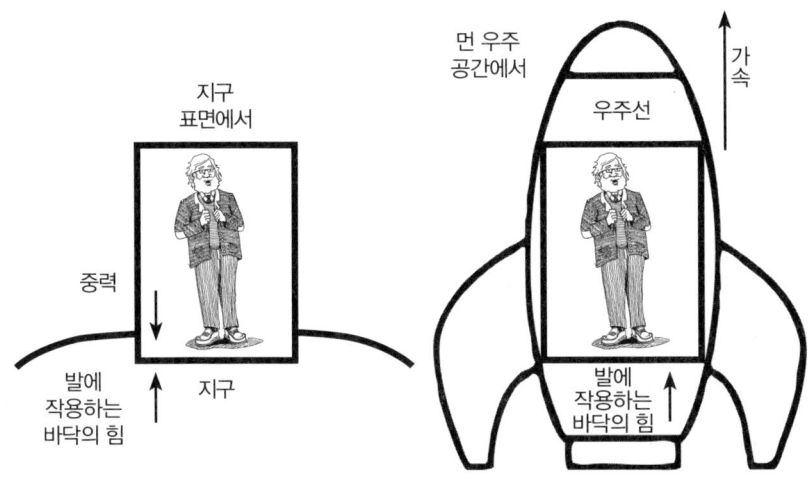

물리학자는 어떤 물체의 속도가 바뀔 때, 이것을 **가속**(加速, acceleration)이라고 합니다. 만약 그 물체가 직선 위에서 움직이고 있다면, 가속의 의미는 해당 물체의 속력이 빨라지거나 느려졌다는 뜻이죠.

비프가 우주 공간에서 가속되고 있는—속도가 점점 더 빨라지는—우주선의 작은 방 안에 있다고 하자. 우주선은 속도가 빨라지면서 비프를 바닥 쪽으로 밀어붙이기 때문에, 그는 자신이 우주선 안에 있는지 아니면 지구에 있는지 구분할 수 없다.

버피가 비프가 타고 있는 우주선의 경로 근처에 있는 우주 공간에서 유영을 하고 있다고 가정해보자. 그녀는 자신을 지나치는 우주선을 본다. 로켓이 버피를 지나칠 때, 비프가 작은 레이저 총을 꺼내서 벽을 향해 짧은 빛의 펄스(pulse)를 발사한다. 비프와 버피가 그 빛의 펄스를 볼 수 있다면, 과연 그들은 어떤 모습을 보게 될까?

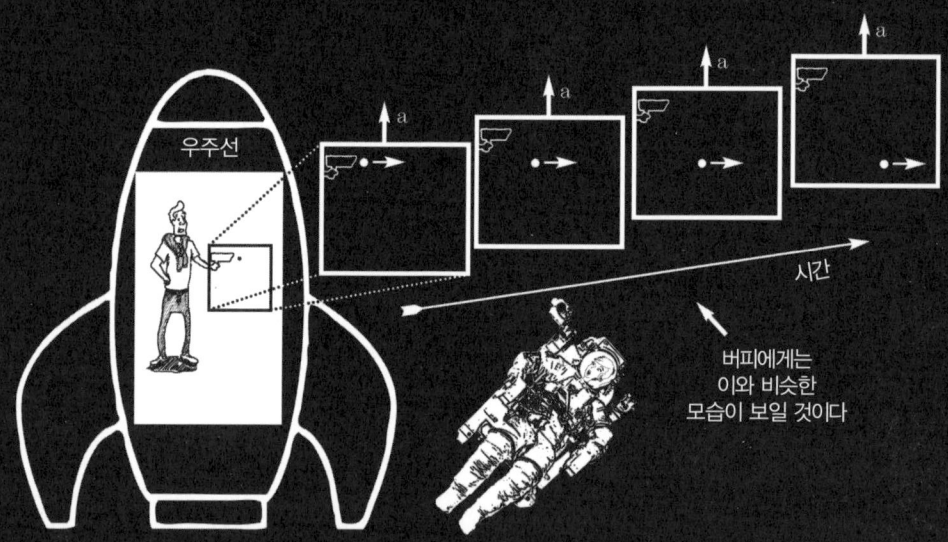

방이(우주선에 달려 있는) 점점 빨리 (a라는 표시가 붙은 화살표 방향으로) 움직이면, 버피에게 빛은 직선으로 움직이는 것처럼 보일 것이다. 스냅 사진을 연속 촬영하면, 위의 그림과 비슷하게 될 것이다. 이 작은 게임은 버피가 우주선의 벽을 투과해서 방 안을 들여다볼 수 있고, 빛의 펄스를 볼 수 있다고 가정한 것이다. 물론 실제로는 이런 일이 일어날 수 없지만 말이다. 그러나 우리 이야기에서는 문제될 것이 없다. 여러분은 계속 그것이 사실인 양 가정하면서 이 과정에서 무엇을 배웠는지 알 수 있다. 다른 한편, 비프에게는 빛의 펄스가, 그가 생각하기에, 자신이 서 있는 방의 바닥을 향해 떨어지는 모습으로 보일 것이다. 빛의 펄스가 벽을 향해 나아가는 동안 로켓이 점점 빠르게 위쪽으로 올라갔기 때문이다.

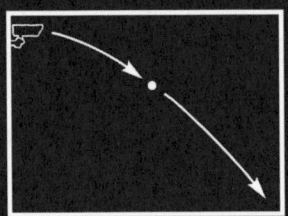

오! 정말 이상한 이야기군요. 자, 이제 나설 기회가 왔어요. 시작해요, 교수 양반!

가속되는 준거 틀 속에서—그러니까 여기서는 로켓을 뜻하죠—움직이고 있는 비프는 빛의 펄스가 곡선을 따라 나아가는 모습을 보게 되죠. 아인슈타인의 등가 원리에 따르면, 우리는 가속되는 준거 틀과 중력의 차이를 구분할 수 없어요. 달리 말하면, 이것은 중력 때문에 빛이 휘어진 경로를 따라 움직인다는 뜻입니다. 그렇지만 빛은 두 점 사이의 최단 거리를 지납니다. 그래서 아인슈타인은 중력이 공간 속에서 휘어진다는 결론에 도달한 거죠! 빛이 휘어지는 것은 공간 자체가 굽어 있기 때문입니다.

> 물론, 이미 우리는 공간과 시간이 뒤섞여 있다는 것을 알고 있어요. 그래서 사실 우리는 공간만 따로 떼어놓고 이야기할 수 없죠. 아인슈타인의 일반 상대성 이론은 중력 이론입니다. 그건 중력이 시공의 굴곡에서 발생한다는 생각을 기반으로 구축된 것이죠. 그 이론은 기하학적 법칙들을 이용하는 기하학 이론입니다. 물론 우리가 중학교에서 배우는 기하학과는 조금 다르지만 말입니다.

 특수 상대성 이론에서 우리는 시간과 공간이 상대적이며 절대적이지 않다는 사실을 알았다. 또한 우리는 시간과 공간이 떼려야 뗄 수 없이 결합된 하나, 즉 시공(時空, space-time)이라는 점도 알고 있다. 일반 상대성 이론에서 시공은 휘어질 수 있는 직물로 간주된다. 이러한 휨이 우리가 중력이라고 느끼는 것이다. 또한 중력의 존재는 시공이 일그러져 있다는 것을 뜻한다.

> 도통 뭔 소린지 알 수가 없네요. 정말 이 모든 얘기가 당신네 물리학자들이 지어낸 게 아니라고요?

> "시공이 일그러져 있다"니 도대체 무슨 말이죠? 축구 경기의 마지막 2분이 영원히 계속될 수 있다는 뜻인가요? 아니면, 누드 모델이 어떻게 다리를 꼬는지 설명할 수 있다는 건가요?

아인슈타인의 일반 상대성 이론은 과학 이론이다. 다시 말해서, 만약 그 이론의 결론들이 실험적 관찰과 일치하지 않는다면, 전혀 유용하지 않다는 뜻이다. 그렇다면 자연의 판결은 무엇인가?

상대성 이론을 뒷받침하는 몇 가지 관찰

우리 과학자들은 일반 상대성 이론을 검증하기가 무척 어렵다는 사실을 알게 되었어요. 일상적인 조건하에서, 이 이론은 우리가 일반적으로 뉴턴의 중력 이론으로 볼 수 있다고 예상하는 것과 아주 미세한 차이만을 나타내기 때문이죠. 그렇지만, 우리는 일반 상대성 이론이 우주를 매우 훌륭하게 기술한다는 사실을 확인하는 데 성공했답니다.

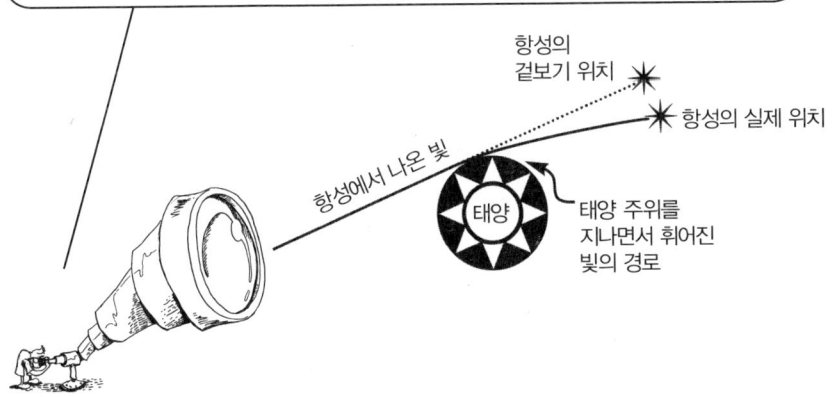

1919년, 아서 에딩턴 경과 프랭크 다이슨이 이끄는 조사 팀이 태양 근처의 우주 공간에서 빛이 휘어지는 현상을 관찰했다. 그들은 일식이 일어나는 동안 멀리 떨어진 항성에서 온 빛이 태양 근처를 지날 때 그 항성의 위치가 변화하는 정도를 측정하는 방법으로 공간의 휘어짐을 추론했다. 태양 주위에서 빛이 휘어지는 정도는 일반 상대성 이론의 예측과 일치했다.

일반 상대성 이론은 중력이 강한 곳에서 시간이 느리게 흐를 것이라고 예측했다. 과학자들은 로켓에 매우 정밀한 시계를 싣고 지구보다 중력이 약한 곳으로 높이 쏘아올렸고, 측정 결과 지구 표면의 시계가 훨씬 더 느리게 간다는 사실을 확인했다.

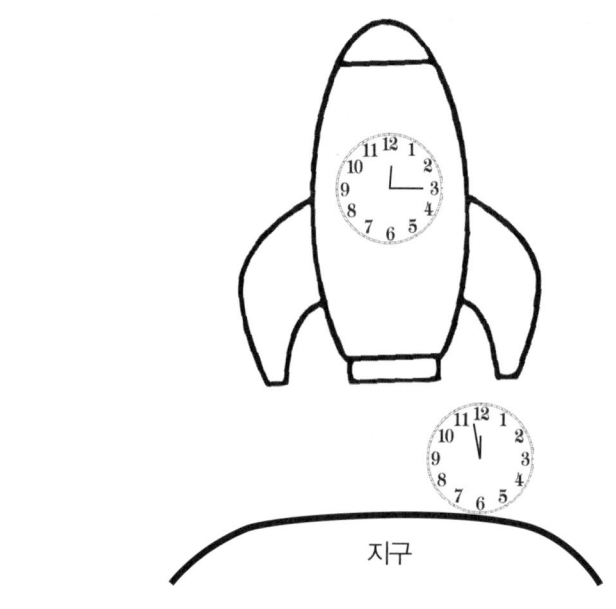

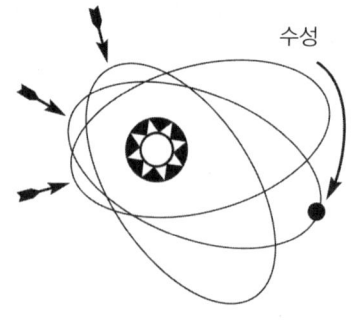

수성의 근일점은 연속적인 궤도로
태양 주위를 이동한다

수성이 태양에 가장 가깝게 접근하는 지점(근일점[近日點, perihelion])은 일반 상대성 이론이 예측했던 방식으로 태양 주위를 회전한다. 이 운동은 뉴턴의 중력법칙으로는 정확히 예측되지 않는다.

그거 아세요? 나는 오늘도 시공의 뒤틀림(distortion) 때문에 내 시계를 다시 맞추거나 이상한 길로 빠지지 않을까 걱정할 필요 없이 학교에 가고 오트밀을 먹을 수 있었어요. 게다가 나는 지금까지 수성을 한번도 본 적이 없고요. 그런데도 내가 왜 나랑은 아무런 관계도 없는 이런 일에 관심을 가져야 하죠?

흠, 당신이 관심을 가져야 할 이유가 하나 있죠. 흔히 GPS라고 불리는 '위성 항법장치(Global Positioning System)'는 지구 궤도를 도는 일련의 인공위성들로 이루어져 있어요. GPS 수신기는 이들 위성에 오는 신호를 해독해서 수신자의 위치를 약 25센티미터 오차로 결정할 수 있죠. 이 놀라운 정확도가 달성될 수 있는 것은 계산에 상대성 효과를 포함시켰기 때문입니다. 당신은 이런 문제에 신경 쓰지 않겠지만, GPS는 당신이 새로 사귄 친구 집을 갈 때 길을 잃지 않게 해주는 것보다 훨씬 더 중요한 일을 하고 있습니다. GPS 시스템은 상업과 군사적 목적에서 항행이나 수송에 헤아릴 수 없을 정도로 중요한 역할을 하고 있거든요.

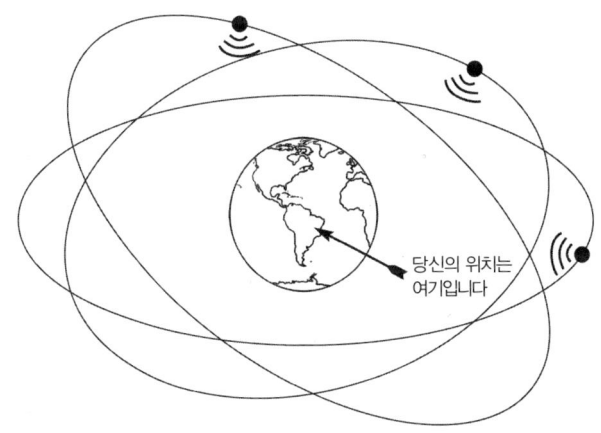

당신의 위치는 여기입니다

일반 상대성 이론은 몇 가지 흥미로운 현상을 예측했다. 그중에서 가장 기이한 것이 블랙홀(black hole)이라고 불리는 천체(天體)이다.

블랙홀은 상상할 수 없을 만큼 강한 중력을 가진 천체이다. 블랙홀 근처에서는 공간이 크게 휘어서 빛조차도 탈출할 수 없다. 시공의 뒤틀림이 너무 강해서 외부 관찰자에게는 블랙홀의 가장자리에서 마치 시간이 멈춘 것처럼 보인다. 빛도 빠져나갈 수 없기 때문에, 이 천체는 검은 구멍처럼 보인다.

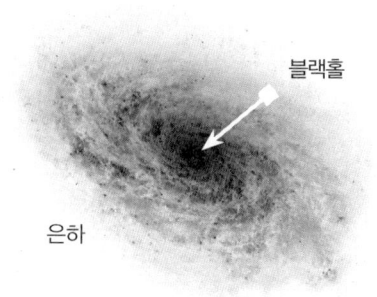

블랙홀을 찾아낼 수 있는 방법은 근처에 있는 천체에 미치는 블랙홀의 중력 효과를 측정하거나 나선을 그리면서 블랙홀로 빨려들어가며 산산이 찢겨지는 물체에서 방출된 빛을 통해서 간접적으로 확인하는 것이다. 블랙홀은 질량이 아주 큰 항성이 수명을 다하는 마지막 단계에서 생성된다. 또한 블랙홀은 거대한 은하의 중심에 존재하는 것으로 생각된다.

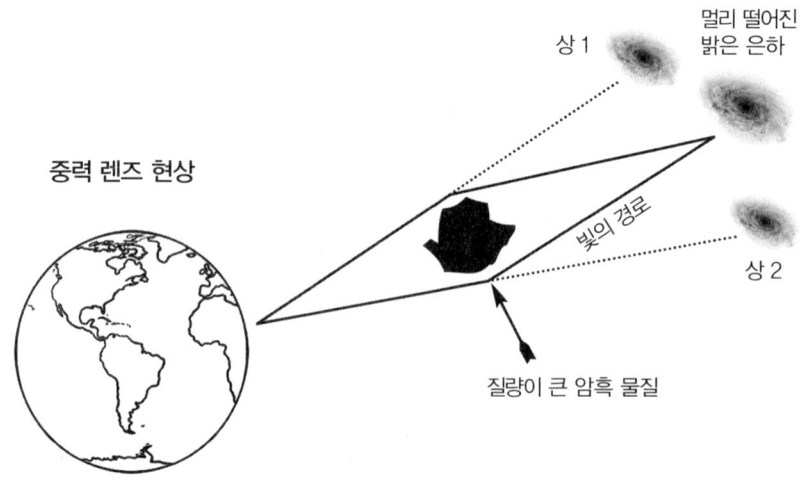

우주 공간의 멀리 떨어진 천체에서 오는 빛은 종종 질량이 큰 천체에 의해서 그 경로가 휘어진다. 이것을 중력 렌즈 현상(gravitational lensing)이라고 부른다. 천문학자들은 중력 렌즈 현상으로 "굴절된" 천체의 상을 이용해서 우주 공간의 물질 분포를 지도로 그린다.

지금까지 이루어진 모든 과학적 관찰 결과는 전부 일반 상대성 이론과 일치했다. 일부 관찰—수성의 궤도와 같은—은 뉴턴의 중력 이론으로 설명될 수 없다. 따라서 과학적으로, 아인슈타인의 이론이 승자이다.

그렇다면 뉴턴의 이론은 쓸모가 없다는 뜻인가? 그렇지 않다. 뉴턴의 이론은 지구상에서 일상적으로 마주치는 조건에서는 훌륭하게 작동한다. 실제로 일상적 상황에 국한하면, 일반 상대성 이론은 뉴턴 방정식과 같다. 토목공학자들은 일반 상대성 이론에 대해서 아무런 지식이 없어도 수십 년 동안 지탱될 수 있는 건물과 다리를 지을 수 있다. 과학에서는 적용 가능한 가장 단순한 이론을 사용하는 것이 온당하다. 오컴의 면도날을 기억하라.

> 이론은 가능하면 단순해야 하지만, 지나치게 단순해서는 안 된다.
> ─작자 미상, 흔히 알베르트 아인슈타인이 한 말로 거론된다

> 과학은 죽은 개념들의 공동묘지이다.
> ─미구엘 데 우나무노(스페인의 철학자, 문학자)

> 과학은 항상 틀릴 수밖에 없다. 하나의 문제를 풀면 열 배나 많은 문제들이 생기니까.
> ─조지 버나드 쇼(아일랜드 태생의 영국 극작가)

7
상대성 이론과 빛

저기요! 뭐라는 거예요? 도무지 읽을 수가 없잖아요!

> 3. Zur Elektrodynamik bewegter Körper;
> von A. Einstein.
>
> Daß die Elektrodynamik Maxwells — wie dieselbe gegenwärtig aufgefaßt zu werden pflegt — in ihrer Anwendung auf bewegte Körper zu Asymmetrien führt, welche den Phänomenen nicht anzuhaften scheinen, ist bekannt. Man denke z. B. an die elektrodynamische Wechselwirkung zwischen einem Magneten und einem Leiter. Das beobachtbare Phänomen hängt hier nur ab von der Relativbewegung von Leiter und Magnet, während nach der üblichen Auffassung die beiden Fälle, daß der eine oder der andere dieser Körper der bewegte sei, streng voneinander zu trennen sind. Bewegt sich nämlich der Magnet und ruht der Leiter, so entsteht in der Umgebung des Magneten ein elektrisches Feld von gewissem Energiewerte, welches an den Orten, wo sich Teile des Leiters befinden, einen Strom erzeugt. Ruht aber der Magnet und bewegt sich der Leiter, so entsteht in der Umgebung des Magneten kein elektrisches Feld, dagegen im Leiter eine elektromotorische Kraft, welcher an sich keine Energie entspricht, die aber — Gleichheit der Relativbewegung bei den beiden ins Auge gefaßten Fällen vorausgesetzt — zu elektrischen Strömen von derselben Größe und demselben Verlaufe Veranlassung gibt, wie im ersten Fall die elektrischen Kräfte.

『물리학 연보(Annalen der Physik)』(1905) 17:891에 실렸던 논문

이런 답답한 친구가 있나. 나는 독일에서 나고 자랐지. 그리고 이 논문은 독일의 저명한 학술지 『물리학 연보』에 실렸어. 그러니 당연히 독일어로 썼지. 자네 독일어 할 줄 아나?

이것이 바로 1905년에 발표된 아인슈타인의 특수 상대성 이론 논문의 원본 첫 페이지예요.

이 논문에는 조금 이상하게 들릴 수 있는 내용이 들어 있다. 대충 번역하면, 이 논문의 제목은 "움직이는 물체의 전기역학에 대하여" 정도가 된다. 이상하지 않은가? 이 논문에는 공간이나 시간, 원자력 등 사람들의 마음을 이상한 개념들로 흔들어놓는 것은 아무것도 없다!

아인슈타인이 전기역학에 관심을 쏟은 이유는 무엇인가? 분명, 그는 전기역학이 그 논문의 가장 중요한 부분이었다고 생각했다.

아인슈타인이 특수 상대성 이론을 수립하고 있을 때, 그를 가장 괴롭혔던 것이 무엇이었는지 이해하려면, 전기와 자기에 대해서 조금 생각할 필요가 있습니다.

이 책은 제목이 『그림으로 보는 상대성 이론과 양자역학』이라고요. 전기나 자기에 대해서는 한마디도 없으니, 제발 처음 기획에서 벗어나지 말아줘요!

잠깐!

휴……내 천재성을 이해하지 못하는 사람들과 함께 일하려니 정말 힘들군요. 지금 이 대목에서는 전기와 자기에 대해서 간단하게 이야기해야 해요.

이봐, 내 친구를 괴롭히는 짓을 당장 그만두라고, 이 냉혈한 같으니라고! 그리고 그 옷은 어디서 구했나? 그건 정말이지 끔찍해. 수직 줄무늬는 사람을 뚱뚱해 보이게 한다고. 자네는 좀더 날씬해 보이는 옷을 입어야 해.

아인슈타인 교수님, 지금 나를 좀 도와줘야겠어요. 교수님이 특수 상대성 이론을 창안했을 때 교수님을 가장 괴롭혔던 문제가 무엇이었는지 이야기해주세요.

Man denke z. B. an die elektrodynamische Wechselwirkung zwischen einem Magneten und einem Leiter.

미안하지만, 한국어로요!

아, 미안하군. 내가 죽은 지가 너무 오래되어서 언어 차이와 같은 하찮은 문제를 기억하지 못한다는 점을 이해해주게. 가만있어보자. 당시 나를 괴롭혔던 문제가 무엇이었는지 이해하려면, 전기력과 자기력을 살펴봐야 하는데…….

전기력은 정전기와 같은 현상을 통해서 대부분의 사람들에게도 친숙하다. 재질이 다른 물체를 문지르면 서로 달라붙는다.……서늘하고 건조한 날에 풍선을 손으로 문질러서 머리카락에 대면 머리카락이 달라붙는 현상을 말한다.

자기력도 많은 사람들에게 친숙하다. 대개 막대자석으로 놀이를 해본

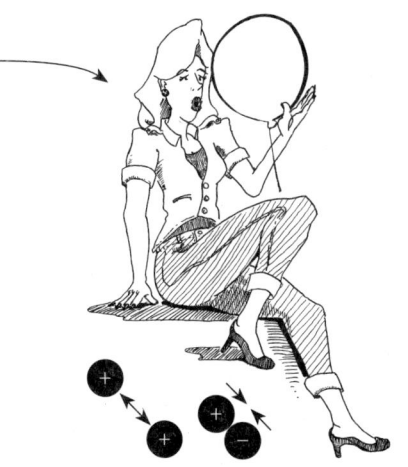

경험이 있으니까. 막대자석은 자기력 때문에 서로를 끌어당기거나 밀어낸다.

그러면 잠깐 전기력(electric force)에 대해서 생각해보자. 물리학자들에 따르면, 전하(電荷)를 가진 물체 사이에

막대자석

는 전기력이 있다고 한다. 전하에는 양전하와 음전하 두 가지가 있다. 같은 전하 사이에서는 반발력이 작용하지만, 다른 전하끼리는 끌어당긴다.

공간에 양전하를 띤 입자가 하나 있다고 가정하자. 그런데 또 하나의 양전하 입자가 첫 번째 입자 가까운 곳에 있다면 반발력을 일으킬 것이다.

어떻게 하면 이 문제를 가장 잘 이해할 수 있겠는가? 전하를 둘러싼 왼쪽 공간에서 어떤 일이 일어나서 오른쪽에 있는 전하가 반발력을 받게 된 것인가? 이 문제에 대해서 명상을 해야겠어.

과학에서는 사물이 작동하는 모형을 만드는 것이 유용할 때가 많다. 물론 그 모형이 참인 경우도 있고 그렇지 않은 경우도 있지만, 이러한 접근방식은 우리가 연구하는 현상에 대해서 더 많은 것을 배울 수 있도록 도와준다.

> 공간에 하나의 양전하가 있다고 합시다. 물리학자들은 이 전하가 그 주위의 공간에 전기장을 발생시킨다고 가정합니다. 전기장(electric field)이란, 전기장을 가진 공간의 한 영역에 전하가 있을 경우, 그 전하가 힘을 받는 조건을 말합니다.

처음에는 전기장이라는 개념이 낯설게 느껴질지도 모르지만, 실상은 그렇지 않다.

기상예보관들은 오른쪽 위의 그림과 같은 온도 지도를 가지고 설명을 한다. 이 지도는 공간상의 서로 다른 지점의 온도를 알려준다. 이것은 뉴욕 주변의 온도이다. 여러분은 이와 비슷한 지도, 그러니까 오른쪽 가운데에 있는 것처럼 뉴욕의 여러 지점에서 바람의 방향과 속도를 알려주는 지도를 상상할 수 있다. 물리학자들은 새로운 용어를 좋아한다. 그래서 온도와 바람의 지도(map) 대신, 그들은 온도와 바람의 장(field)이라고 부를 것이다.

물리학자들은 전하의 존재가 그 주변의 공간에 전기장을 일으킨다고 상상한다. 오른쪽 아래에 있는 것이 전하 주위의 전기장을 그린 스케치이다. 그림 속의 화살표는, 각기

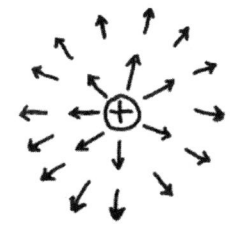

다른 양전하가 화살표의 위치에 있을 경우 그 전하에 미치게 될 힘의 방향을 나타낸다. 전하 주위의 전기장은 같은 전하끼리는 밀어내고 다른 전하끼리는 서로 끌어당기는 힘의 장[力場, force field]과 비슷한 무엇이다.

정말 훌륭한 이야기로군요.……하지만 도대체 그게 나와 무슨 상관이 있냐고요?

제발 인내심을 좀 가져봐요. 교수는 어렸을 때 거꾸로 떨어져서 머리를 다친 적이 있어요. 이제 좀 있으면 핵심에 접근할 거예요.

물리학자들은 이 장이라는 개념이 힘을 시각화하고 그 영향을 계산하는 데 아주 유용하다는 것을 알았어요. 그래서 이미 살펴보았듯이, 전기장에 대해서 이야기한 거죠. 그리고 그들은 자기장(magnetic field)과 중력장(gravitational field)도 언급했답니다. 자기장이란 자석이 그 주변의 공간에서 다른 자석에 자기력을 전달하는 상태를 뜻하죠. 그리고 중력장은 어떤 물체가 다른 물체에 중력을 전달하는 공간의 상태를 말합니다.

잠깐만요. 내 생각으로는 중력이 시공의 구부러짐이나 뭐 그런 것에 의해서 전달되는 것 같은데요.

중력장과 시공의 구부러짐은 모두 중력을 나타내는 방법입니다. 우리가 쓰는 일상언어에서도 이런 예는 항상 존재하죠. 가령 피는 붉은색이에요. 그렇지만 잘 익은 토마토도 붉죠. 피의 색을 어떻게 표현할지는 그 표현을 하는 의도에 달려 있죠.

전하 주위에 형성된 전기장은 가까이 있는 다른 전하에 힘을 야기한다. 작은 막대자석 주위의 자기장은 가까이 있는 다른 막대자석(또는 나침반 바늘)에 힘을 행사한다.

그러나 실상은 이보다 조금 더 복잡하다. 전기와 자기 사이에는 깊은 연관성이 있다. 막대자석은 정지한 상태의 전하 근처에서는 움직이지 않는다. 그것은 정지한 상태의 전하가 그 주위 공간에 자기장을 생성하지 않는다는 뜻이다. 그러나 전하가 움직이면, 근처의 막대자석에 힘을 미친다. 그것은 움직이는 전하가 공간 속에 자기장을 일으킨다는 뜻이다.

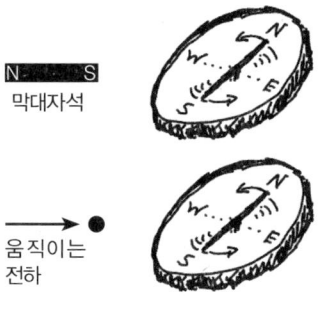

이제 전기와 자기에서 무엇이 나를 괴롭힌 문제인지 살펴볼 준비가 되었군요. 자, 아래의 그림에서 나침반의 바늘 왼쪽 아래에는 정지 상태의 전하가 있어요. 이런 상태에서는 전하는 있지만 자기장은 없죠. 따라서 전하를 정지한 상태로 나침반의 자석 바늘 가까이 놔둬도 아무 일도 일어나지 않아요. 그런데 나침반을 쥐고 전하를 오른쪽에서 왼쪽으로 지나가게 했다고 가정해보죠. 그러면 우리에게 전하는 왼쪽에서 오른쪽으로 움직이는 것처럼 보이게 되죠. 이것이 오른쪽 아래의 그림에서 보는 모습이죠. 전하가 우리의 관점에서 움직이기 때문에, 우리는 전하가 자기장을 생성하고 나침반을 지나칠 때 바늘에 영향을 미치는 것을 보게 되죠.

어떤 때에는 그 힘을 전기장으로 설명하고, 다른 때에는 자기장이라고 부르기도 해요. 그렇지만 바뀌는 것은 우리의 관점이죠―즉 전하에 대해 우리가 움직이는 거랍니다. 이것은 전기장이나 자기장이 절대적이지 않다는 것을 뜻해요. 당신이 보는 것은 당신의 움직임에 따라서 달라진다고요! 바로 이것이 내가 해결했고, 내 논문에 「움직이는 물체의 전기역학에 대하여」라는 제목을 붙이게 했던 문제죠. 그렇지만 오해하지는 말아요. 내가 전기와 자기의 깊은 관계를 처음 알아낸 사람은 아니니까. 나는 단지 그 관계를 좀더 분명하게 이해할 수 있었을 뿐이에요.

아직도 답답하군요. 도대체 지금까지 내가 왜 이 문제에 관심을 가져야 하는지 시원하게 해명하는 이야기가 있었나요? 아니면 내가 못 들은 건가요? 전기와 자기 이야기는 내게 아무 도움도 되지 않는다고요.

아인슈타인 선생께 그렇게 말하면 못 써요.

왜 안 되죠? 그는 이미 죽었는데.

그건 사실이군요. 어쨌든, 전기와 자기가 중요한 이유 중 하나는 빛을 이해하는 데 중요한 열쇠를 쥐고 있기 때문입니다.

> 그래요? 이제 가르쳐줘요. 킥킥. 무지몽매한 우리를 깨-우-쳐주소서. 흥!

수소 원자가 경찰서에 달려 들어가서 이렇게 소리쳤다. "누가 내 전자를 훔쳐갔어요." 경찰관이 물었다. "정말이야?" 그러자 이런 답이 돌아왔다. "물론이에요. 확실해요."(원문은 "I'm positive"이다. positive는 '확실하다'는 뜻과 함께 '양성[+]'이라는 의미도 있다. 전자를 빼앗겼기 때문에 양성이 되었다는 뜻이다/역주)

100달러 지폐에 들어 있는 벤저민 프랭클린을 비롯한 많은 물리학자들이 전기와 자기를 이해하는 데에 기여했다.

마이클 패러데이
(1791-1867)

벤저민 프랭클린(1706-1790)

니콜라 테슬라
(1856-1943)

앙드레 마리 앙페르
(1775-1836)

조지프 헨리
(1797-1878)

굴리엘모 마르코니
(1874-1937)

서로 다른 관점에서 이루어진 관찰들 사이에 어떤 관계가 있는지를 설명한 아인슈타인의 연구가 이루어지기 전인, 1800년대 후반부터 물리학자들은 전기와 자기에 대해서 많은 것을 이해했다. 이 지식은 모두 1864년에 제임스 클러크 맥스웰이 세운 유명한 방정식들에서 나온 것이었다. 물리학자들은 기발하게도 이 방정식들을

제임스 클러크 맥스웰
(1831-1879)

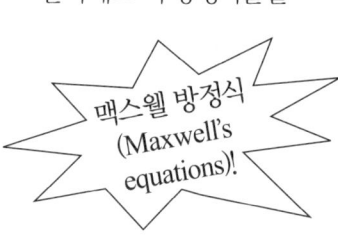

맥스웰 방정식
(Maxwell's equations)!

이라고 불렀다.

저 고집불통 친구가 여러분에게 맥스웰 방정식을 보여주지 못하게 막는군요. 휴.

맥스웰 방정식은 전기와 자기가 매우 밀접하게 연관되어 있다는 것을 보여준다.

실제로 물리학자들은 전기력과 자기력을 별개의 힘으로 생각하지 않는다. 대신, 그들은 전기와 자기를 전자기력(電磁氣力, electromagnetic force)이라고 불리는 힘의 서로 다른 측면으로 간주한다. 맥스웰은 전기와 자기의 이론적인 통합을 이루었고, 아인슈타인은 그것을 정교하게 다듬었다.

나는 아직도 재미가 없는데요.

나는 재미있는데 벤저민 프랭클린이 물리학자였는지는 전혀 몰랐어요.

이봐 서퍼, 너무 애쓰지 말라고. 자네가 보드에 어떤 왁스를 발라야 좋은지 말고 다른 사실을 알고 있으리라고 기대하는 사람은 아무도 없으니까.

맥스웰 방정식에서 배우게 될 사실을 알면 꽤나 흥분될 거예요.

맥스웰 방정식은 변화하는 전기장(가령 움직이는 전하를 상상하라)이 자기장을 일으킨다는 것을 보여준다. 또한 자기장의 변화는 전기장의 변화를 가져올 것이다. 이것은 무엇을 뜻하는가? 전하를 흔들면 주위 공간에 전기장의 변화가 나타나고, 그로 인해서 주변에 자기장의 변화가 유도되고, 그것은 다시 자기장 변화를 일으키는 전기장 변화를 생성하고, 이런 식으로 계속된다. 장이 장을 유도하는 이러한 현상은 빛의 속력으로 퍼져나간다. 이것이 빛의 궁극적 본질이다!

물리학자들은 맥스웰 방정식을 이용해서, 수학적으로, 전기장과 자기장이 파동(wave)이라는 사실을 보여준다.

오, 이제 나도 흥분되는걸…….

그게 무슨 뜻이죠?

> 파도가 조약돌 해변으로 나아가듯이 우리의 순간들도 저마다의 목적을 향해 줄달음친다.
> ―윌리엄 셰익스피어, 「소네트 LX」

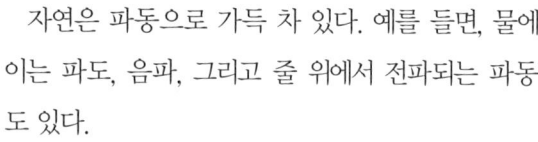

자연은 파동으로 가득 차 있다. 예를 들면, 물에 이는 파도, 음파, 그리고 줄 위에서 전파되는 파동도 있다.

큰 축구 시합이 있다고 하자. 경기장은 발 디딜 틈도 없이 사람들로 가득 찼다. 갑자기 관중들이 파도타기를 시작한다. 관람석에 파동을 일으킨 것은 무엇일까?

파도타기에서 관중들 개인은 자기 자리에 그대로 앉아 있다. 파동이 일어나는 것은 특정 영역에 있는 사람들이 옆 사람들이 일어선 바로 다음에 그리고 다음 사람들이 일어서기 직전에, 동시에 자리에서 일어나기 때문이다.

자연에서 나타나는 모든 파동도 경기장에서 나타나는 파도타기와 흡사하다. 예를 들면, 당신과 친구가 줄넘기 줄을 조금 느슨하게 들고 있다고 하자.

이제 줄을 들고 있는 당신의 손을 똑바로 아래위로 반복해서 흔들어보라. 그러면 줄을 타고 파동이 나아가는 모습을 볼 수 있을 것이다. 이 경우에도 줄의 모든 부분들은 수직 방향으로 위아래로 움직인다. 그러나 이번에는 줄의 각 부분이 움직이는 시점으로 인해서 파동의 패턴이 줄을 따라 움직인다.

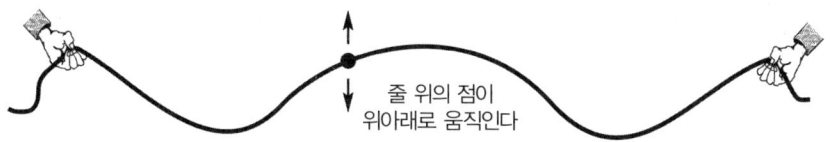

자연에서의 모든 파동은 운동장의 파도타기나 줄 위에서 일어나는 파동과 흡사하다. 차이점은 무엇이 파동을 일으키는가이다. 경기장에서는 사람들이 파동을 만든다. 줄이나 현의 파동은—가령 기타나 바이올린의—현이 파동을 일으킨다. 음파의 경우, 공기 중의 분자들이 파동을 생성한다. 연못에서 일어나는 물결에서는 물이 파동을 만든다.

물리학에서 모든 파동은 수학적으로 매우 비슷하게 기술된다. 파동들은 동일한 특성을 많이 공유한다.

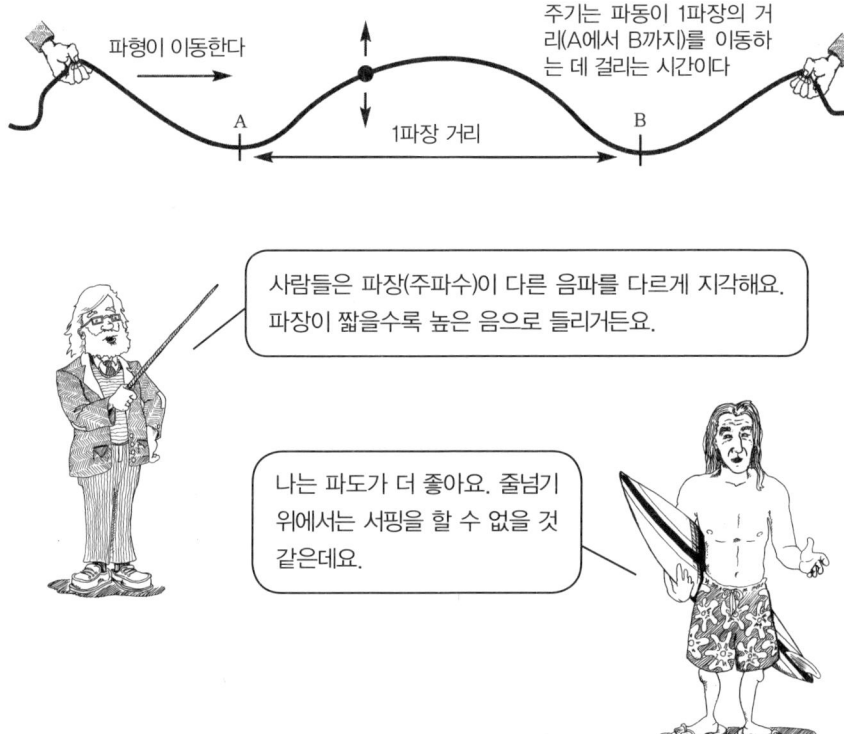

맥스웰은 빛이 파동 방정식으로 나타낼 수 있는 전자기장으로 이루어져 있다는 것을 발견했다. 빛은 전자기장이 흔들릴 때 나타나는 파동이다. 우리는 음파 속에서 공기 분자가 움직이는 것을 볼 수 없듯이 전자기장을 직접 볼 수 없다. 그러나 소리로 공기의 파동을 지각할 수 있으며, 빛으로 전기(자기)장을 인식한다.

마찬가지 방식으로, 음(音) 높이가 너무 높거나 낮아서 사람이 들을 수 없는 소리가 있다. 또한 사람의 눈으로 인식할 수 없는 파장을 가진 빛도 있다. 사람이 육안으로 볼 수 있는 빛을 가시광선(visible light)이라고 한다. 이

가시광선의 여러 가지 파장이 사람에게 서로 다른 색으로 보이는 것이다. 가시광선의 파장은 대략 머리카락 두께의 150분의 1 정도이다.

우리가 **빛**이라고 하면 대개 가시광선을 뜻합니다. 하지만 파장이 전혀 다른 종류의 파동이 여러 가지 있어요. 전파, 감마선, X선, 극초단파, 그리고 적외선도 파장이 다르다는 사실을 제외하면 가시광선과 같은 종류의 파동이죠. 예를 들면, 전파는 수 센티미터에서 수천 킬로미터에 이르는 범위의 파장을 가지고 있어요. X선의 파장은 머리카락 두께의 수천 분의 1에서 수백만 분의 1 사이에 해당해요.

물리학자들은 이처럼 "빛"의 여러 가지 다른 파동들을 나타낼 때 **전자기파**(電磁氣波, electromagnetic wave)나 **전자기 복사**(電磁氣輻射, electromagnetic radiation)라는 용어를 더 많이 씁니다. 이런 용어를 쓰면 그냥 "빛"이라고 하는 것보다 더 근사해 보인다니까요.

다양한 종류의 전자기파

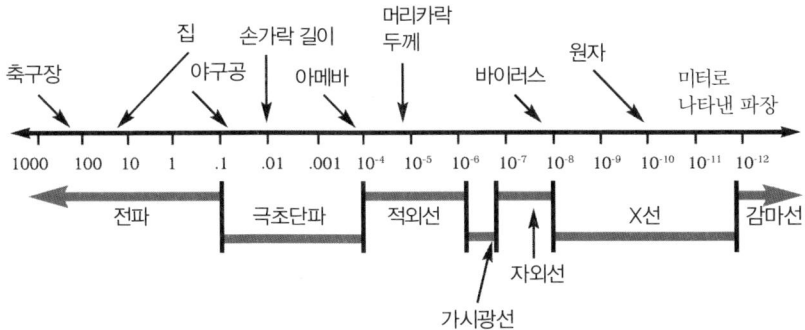

8
양자역학과 빛

우와! 처음에는 이 책이 정말 재미없다고 생각했는데. 아주 멋진 것을 배우게 됐네요.

물론이지. 내 제자여. 나는 네게 푸딩이 인생의 의미라는 것을 가르쳤느니라.

천만에! 그런 게 아니라고요! 당신은 정말 이상하고 괴팍하게 생긴 백발 노인이군요. 내가 배운 건 빛이 파동이라는 사실이에요! 이건 다른 얘긴데, 당신은 지금까지 목욕을 한번이라도 한 적 있나요? 그 높은 산꼭대기에서 어떻게 지낼 수 있죠? 도대체 뭘 먹고 사나요?

과학에서 자연은 항상 최후의 결정권을 가진다. 빛의 파동 모형은 매우 성공적이다. 그것은 광학과 전파, 휴대전화, 무지개와 광섬유, 그리고 전자레인지 등 수많은 것들에 대한 우리의 이해를 이루는 토대에 해당한다. 그러나……

빛의 파동 이론이 온갖 종류의 일들을 설명하는 데에 성공적이었던 것만큼이나 그 밖의 몇 가지 현상들을 설명하는 데에는 초라할 정도로 실패했다. 예를 들면, 물리학자들은 빛의 파동 이론으로는 어떻게 물질이 빛을 흡수하거나 방출하는지 도저히 이해할 수 없었다.

> 흐음, 난로 부지깽이는 뜨거울수록 푸른색이 되고 온도가 내려가면 더 붉어지는군.

막스 플랑크
(1858-1947)

19세기 말엽, 물리학자들이 설명해야 했던 사실이 하나 있었다. 그것은 어찌 보면 간단한 것처럼 보이는 빛과 물질의 상호작용의 한 측면으로, 백열히는 물체가 방출하는 빛의 색깔에 대한 것이었다. 예를 들면, 쇠로 된 부지깽이를 불 속에 넣어 가열했다고 하자. 어떤 물체에서 나온 빛을 분리시키려면—물체에서 반사된 빛의 경우와는 반대로—그 물체를 어두운 용기에 넣고(반사되는 빛을 막기 위해서), 물체의 온도를 여러 가지로 변화시키면서 방출된 빛의 색과 밝기를 기록해야 한다. 조사 대상인 물체가 어둠 속에 있기 때문에, 그 물체에서 나온 빛("백열광"이라고도 해도 된다)은 흑체복사(黑體輻射, black-body radiation)라고 불린다.

1900년에 독일의 물리학자 막스 플랑크는 물체에서 나온 빛의 색과 밝기를 완벽하게 기술하는 이론을 창안했다. 그런데 기이하게도, 그의 이론은 빛을 파동이 아니라고 보았고, 빛이 에너지의 작은 다발(또는 입자)로 이루어져 있다고 가정했다.

플랑크는 여러 가지 물체에서 나오는 빛의 색을 훌륭하게 기술하는 공식을 발견할 수 있었지만, 빛이 에너지의 작은 묶음 형태로 존재한다는 그의 생각을 진지하게 받아들인 사람은 거의 없었다.

막스 플랑크가 1918년에 "에너지 양자의 발견으로 물리학의 발전에 이바지한 지대한 공헌"으로 노벨상을 수상한 사실을 알고 있나요? 그런데 흥미롭게도, 한 물리학 교수가 플랑크에게 이미 물리학에서는 모든 발견이 이루어졌으니, 가급적 물리학이 아닌 다른 분야를 선택하라고 조언했다는군요!

1880년대 말에 독일에서 빛에 대한 우리의 생각을 바꾸어놓을 또 하나의 중요한 진전이 이루어졌다. 하인리히 헤르츠라는 물리학자가 금속 표면에 빛을 쬐면 금속에서 전자가 방출된다는 사실을 관찰했다. 그는 금속에서 나온 전자의 흐름이 금속에 쪼인 빛의 밝기와 색깔—또는 세기—에 따라서 어떻게 변화하는지 연구했다.

빛의 파동 이론에 따라서, 물리학자들은 금속에서 나오는 전자 에너지가 빛의 색깔이 아니라 밝기에 따라서 변화할 것으로 예측했다. 그러나 그들은 방출된 전자 에너지가 빛의 밝기가 아닌 색깔에 따라서 바뀐다는 사실을 알아냈다.

1905년 아인슈타인은 이른바 광전효과(光電效果, photoelectric effect) 실험의 결과를 설명한 논문을 발표했다. 이 논문에서 아인슈타인은 실험을 통해서 얻은 결과를 훌륭하게 설명할 수 있었다. 그러나 이 과정에서, 그는 빛이 작은 에너지 묶음으로 존재한다고 가정했다. 이것은 빛이 파동이라는 생각과 모순되는 것처럼 보였다. 1915년에 물리학자 로버트 밀리컨이 세심하게 광전효과를 실험했고, 그 결과 아인슈타인 이론의 세부 내용들이 옳다는 사실을 입증했다.

또한 밀리컨의 연구는 광전효과에서 나타나는 빛 에너지의 묶음이 흑체복사를 설명하는 데에 필요한 것과 정확히 같다는 사실을 밝혀냈다.

전혀 다른 종류의 두 현상—흑체복사와 광전효과—은 빛이 색에 따라서 변화하는 에너지를 가진 작은 묶음으로 이루어졌다는 가정으로만 설명이 가능했다. 특히 각 묶음의 에너지는 빛의 주파수를 곱한 상수와 같다는 사실이 밝혀졌다(주파수가 빛의 파장, 즉 색을 측정하는 하나의 방식이라는 사실을 상기하라). 실험자들은 두 경우 모두에서 상수를 밝혀냈고, 두 상수가 같다는 사실을 발견했다! 물리학자들은 그것을 **플랑크 상수**(Planck's constant)라고 부르고, h로 표시한다.

두 개의 독립된 현상, 그리고 같은 결과를 나타내는 일련의 실험을 통해서, 전 세계의 물리학자들은 빛이 작은 에너지 묶음, 또는 **양자**(개별 묶음의 양자 [量子, quantum])로 이루어져 있다는 결론을 피할 수 없었다.

그렇게 설명하니 이해가 잘 되네요! h가 플랑크 상수라. 그런데 플랑크를 나타내는 p를 써야 한다고 생각한 사람은 없었나요? 어이, 과학자 친구들, 왜 그렇게 하면 안 된다는 거죠? 내가 멍청하기로는 유명하거든요. 도무지 모르겠네요.

그건 댄스파티에 입고 갈 이 근사한 드레스를 발견했는데, 똑같은 옷을 입은 다른 애를 보았을 때와 같은 거네!

그럴 수도 있죠. 나는 뭐라 할 수 없겠네요. 댄스파티에서 나와 같은 옷을 입은 사람은 아무도 없으니까요! 하하. 농담입니다.

광전효과에 대한 아인슈타인의 연구를 올바로 설명하려면 불완전하지만 비유를 들어 설명하는 편이 도움이 될 것이다. 첫 번째 여객기가 세계무역 센터 쌍둥이 빌딩의 북쪽 건물에 충돌했던 2001년 9월로 돌아가보자. 당연히 많은 사람들은 그것이 끔찍한 사고라고 생각했다. 그
러나 잠시 후 남쪽 건물에도 여객기가 충돌하자, 사람들은 그 끔찍한 재앙이 단순한 사고가 아니라는 것을 의심의 여지없이 확신하게 되었다. 1905년에 있었던 과학적 충격은 비극적인 일이 아니었지만, 그로 인한 사고의 전환도 마찬가지로 급작스럽게 이루어졌다. 흑체복사에 대한 플랑크의 연구를 무역 센터 건물의 첫 번째 충돌이라고 하면, 아인슈타인의 연구는 두 번째 충돌에 해당한다. 갑작스레 과학자들은 빛의 입자적 성격이 본질적이라는 것을 알게 되었다. 다행히도, 이 비유는 여기에서 끝난다.

이것이 양자역학(量子力學, quantum mechanics)의 탄생이었다.

$E=h\nu$

빛의 양자 에너지 / 빛의 주파수 / 플랑크 상수

아인슈타인은 1921년에 이론물리학 분야의 연구 성과와 광전효과에 대한 설명을 발견한 공로를 인정받아 노벨상을 받았습니다.

그거 알아요. 나는 항상 당신은 양자 기계공(quantum mechanic)이 아니냐는 질문을 받아요. 그건 꽤나 성가신 일이죠. 왜 물리학자들은 애초에 그걸 양자역학이라고 부르기로 한 거죠?

물리학자들에게 **역학**이란 사물에 미치는 힘에 대한 연구를 뜻합니다. 많은 과학용어들과 마찬가지로, 그 말의 어원도 그리스어라고요.

하인리히 헤르츠
(1857–1894)

광전효과를 발견한 헤르츠라는 사람을 기억하는가? 양자역학의 발전에서 광전효과가 중요한 역할을 했지만, 정작 헤르츠는 전자기파에 대한 연구로 가장 잘 알려져 있다. 그는 정확히 맥스웰이 예견한 대로 움직이는 전파의 존재를 확립했다. 그의 업적을 기리기 위해서 전자기파의 주파수 단위는 헤르츠라고 불린다. 오래된 라디오(일부 요즈음 라디오도 포함된다) 다이얼을 보면 kHz와 MHz라는 기호들을 볼 수 있다. 이것은 각각 킬로헤르츠(1,000헤르츠)와 메가헤르츠(100만 헤르츠)를 뜻한다. 안타깝게도 헤르츠는 서른여섯 살의 젊은 나이에 세상을 떠났다. 그런데 흥미롭게도, 그의 연구는 빛의 입자론과 파동론이 수립되는 데에 모두 기여했다.

그러니까, 지금 빛이 입자(즉 양자)로 이루어져 있다는 말이죠. 만약 그 말이 사실이라면, 단연코 빛은 파동일 수가 없겠네요. 그렇다면 맥스웰은 틀렸고, 이 책은 온통 거짓말투성이라고요. 거짓말, 거짓말!

> 그것은 어떤 쓸모도 없습니다.
> ―전파의 발견이 어디에 이용될 수 있느냐는 질문을 받고, 헤르츠가 했던 답변

물리학자들은 종종 겉으로 보기에는 모순인 문제들 때문에 곤란을 당하곤 했다. 매끄럽고 연속적인 파동과 입자는 전혀 다른 존재로 생각되었다. 어떻게 빛이 파동과 입자의 성질을 모두 가질 수 있을까?

실례! 나는 이미 세상을 떠난 위대한 과학자가 아니라 이 책을 보고 있는 독자에 불과하기 때문에 이 논쟁에 끼어들 수 없다는 걸 잘 알아요. 하지만 당신들 모두 틀린 것 같군요. 빛은 입자이면서 동시에 파동이거든요.

왜 입자니 파동이니 하는 문제로 골치를 썩이고 있죠? 이 빛줄기를 보는 것만으로는 입자나 파동 모두 볼 수 없어요. 그렇다면 입자든 파동이든 무슨 차이가 있는 거죠?

저기요! 나는 항상 파도를 타요. 그런데 파도가 입자라는 걸 본 적이 한번도 없죠. 입자이면서 동시에 파동일 수는 없다고요.

파도나 줄에서 나타나는 파동은 파동의 특성을 가지며 입자처럼 움직이지 않아요. 반면 아이들이 가지고 노는 공기 돌은 파동이 아니라 입자처럼 움직이죠. 물리학자들은 파동과 입자에 대해서 훌륭한 모형들을 가지고 있어요. 파동과 입자 모두 매우 뚜렷한 특성을 나타내죠. 우리가 경험하는 세계는 이 두 개념을 별개로 받아들여요. 우리에게는 입자와 파동의 특성을 동시에 가진 뭔가를 쉽게 상상할 수 있는 능력이 없답니다.

사람들은 흑과 백이 한데 뒤섞이면 거북한 느낌을 받는 법이죠. 가령 살인은 나쁘고, 목숨을 구해주는 건 좋다는 식이죠. 하지만 1938년에 히틀러를 죽였다면, 제2차 세계대전을 피하고 많은 사람들의 생명을 구할 수 있지 않았을까요? 어떤 사람들은 그렇다고 하고 다른 사람들은 아니라고 하겠지만, 대부분은 그런 생각을 하는 것만으로도 불편해하죠.

자연은 파동이냐, 입자냐 하는 고민을 하지 않는다. 빛은 그냥 빛일 뿐이다. 우리는 빛이 입자와 파동의 특성을 모두 가진다는 것을 알게 된다. 과학적 과정을 통해서 우리가 배운 사실이 바로 그것이다. 빛은 흔히 **파동-입자 이중성**(wave-particle duality)이라고 불리는 특성을 가진다. 그 말은 빛이 파동처럼 움직일 수도 있고, 입자처럼 움직일 수도 있다는 뜻이다.

> 지난 50년 동안 곰곰이 생각해본 끝에 "광양자(光量子)란 무엇인가?"라는 물음에 대한 답에 좀더 가까워졌다. 요즘 어중이떠중이들은 저마다 답을 알고 있다고 생각하는 모양이지만, 잘못 알고 있는 것이다.
> ―알베르트 아인슈타인, 임종 직전에 한 말

우리는 상대성 이론을 통해서, 빛이 우리에게 그동안 친숙했던 영역을 벗어날 것을 요구한다는 사실을 알게 된다. 어떤 물음을 던지는가에 따라서, 빛은 입자와 비슷한 모습을 보이기도 하고, 때로는 파동과 흡사해지기도 한다. 빛을 설명하는 데에 사용되는 과학 모형은 주어진 물음에 답하기 위해서 입자의 특성이나 파동의 특성 중 어느 쪽이 더 중요한가에 따라서 달라진다. 자연이 우리가 편안하게 여기는 영역을 따라주리라고 기대할 이유는 전혀 없다.

> 과학에서 이루어진 위대한 발전은 모두 대담한 상상을 통해서 나왔다.
> ―존 듀이(미국의 철학자)

유명한 화학자 길버트 루이스는 광양자에 대한 이론을 발표하면서 빛의 양자를 광자(光子, photon : 이 말은 그리스어로 빛을 뜻하는 단어와 비슷하다)라고 불렀다. 길버트의 이론은 오래 지속되지 못했지만, 광자라는 용어는

굳어졌다. 광자는 물리학자들이, 아인슈타인과 플랑크가 처음 그 존재를 주장했던 광양자를 부르는 통상적인 명칭이 되었다.

이 점이 **아주** 중요합니다. 왜냐고요? **광자**라는 말이 정말 멋있게 들리니까요.

> 빛과 물질은 모두 단일한 실체이다. 그리고 외견상의 이중성은 우리 언어의 한계에서 비롯되었을 뿐이다.
> ―베르너 하이젠베르크

아이작 뉴턴
(1642-1727)

1670년으로 돌아가면, 아이작 뉴턴은 빛이 그가 **코어퍼슬**(corpuscle)이라고 불렀던 미립자들로 이루어져 있다고 가정하고 빛의 일부 특성을 설명하려고 했습니다. 그런데 맥스웰의 전자기파가 빛의 특성을 충분히 훌륭하게 설명하면서, 입자로서의 빛이라는 개념은 인기를 잃게 되었죠.

9
물질이란 무엇인가?

도무지 입자-파동인지 뭔지 하는 것 때문에 머리가 터질 지경이야.

그런가? 서퍼 친구. 네가 뭐라고 하는 맞아.

맞아. 그건 내 여동생이 처음 남자 친구와 같이 집에 왔을 때, 여동생이자 동시에 여자로 생각해야 했던 경우와 좀 비슷한 것 같아. 내 말은 기분이 묘했다는 거야!

그런데 어쩌죠. 더 고약한 소식이 있는데. 이전에 닐스 보어와 드 브로이라는 사람이 있었는데……

사실, 두 번째 사람의 이름은 루이 빅토르 피에르 레이몽 드 브로이 공(公)입니다. **이렇게 긴 이름을** 가지고 살아간다고 상상해보세요!

아니야, 아직 아니야! 이런 멍청이! 그 이야기를 하려면 먼저 멍석을 깔아야 한다고! 독자들이 감을 잡을 수 있게 해줘야 한다니까, 알았어? 보어와 드 브로이에 대해서 말하기 **전에**, 먼저 원자를 설명하라고!

    1900년대가 시작되었을 무렵, 물리학자들은 원자가 양전하를 띤 **양성자**(陽性子, proton)라는 작은 입자들과 음전하를 가진 그보다 더 작은 **전자**(電子, electron)라는 입자들로 이루어져 있다는 사실을 알게 되었다. 그러나 아직 이 입자들이 원자 속에서 어떻게 단단하게 결합되어 있는지는 알지 못했다.

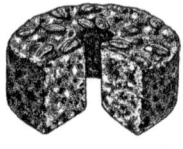

건포도 푸딩

원자핵

원자 안쪽을 어떻게 들여다보죠? 내 말은 너무 작아서 볼 수 없다는 거예요.

가령 당신이 자동차가 어떻게 동작하는지 모르는데, 차의 엔진 덮개를 열 수 없다고 가정해보자. 그렇다면 자동차에 대해서 어떻게 알 수 있을까?

나라면 '구글'에다가 "자동차"라고 쳐넣고 컴퓨터 화면에 나오는 그림과 설명을 읽겠어요.

자동차를 겨냥해서 여기저기 총알을 쏘는 방법이 있다. 사람이 타는 좌석에 발사된 총알은 쉽사리 차를 관통할 것이다. 왜냐하면 총알을 저지시킬 물체가 거의 없기 때문이다. 그러나 엔진 구획에 맞은 총알은 차를 관통할 수 없을 것이다. 총알은

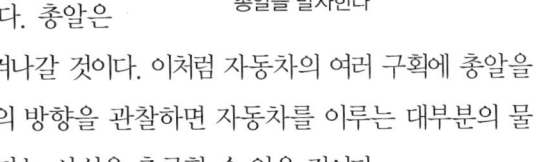

엔진 구획에 맞고 비껴나는 총알

멋진 차에 총알을 발사한다

틀림없이 엔진에 맞고 튕겨나갈 것이다. 이처럼 자동차의 여러 구획에 총알을 발사하고 흩어지는 총알의 방향을 관찰하면 자동차를 이루는 대부분의 물질이 엔진 부분에 몰려 있다는 사실을 추론할 수 있을 것이다.

여러분은 이것이 어리석은 일이라고 생각할지도 모르지만, 실제로 물리학자들이 원자 내부를 "들여다보기" 위해서 시도했던 일과 매우 흡사하다.

1900년 당시 원자를 기술하는 가장 유력한 모형은 건포도 푸딩 모형이라고 알려진 것이었다.

원자의 건포도 푸딩 모형에서는, 음전하를 띤 전자들이 양전하의 구름 속에 묻혀 있을 것으로 생각되었다. 건포도를 그릇 속의 밀가루 반죽에 넣고 휘저으면 건포도가 푸딩 속에 여기저기 박혀 있는 것처럼 말이다.

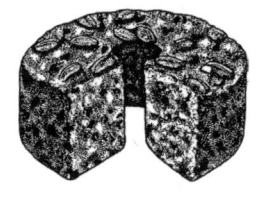

1909년, 영국 맨체스터 대학교의 실험실에서 어니스트 러더퍼드의 지도하에 연구하던 한스 가이거와 어니스트 마스던은 금 원자에 "탄환"을 쏘아,

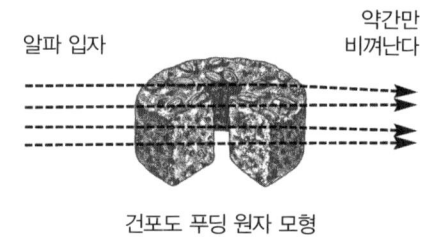

건포도 푸딩 원자 모형

대개의 경우 탄환이 금박지를 그대로 통과하지만 이따금 마치 자동차의 엔진 구획에 맞고 튀어나오는 총알들처럼 곧바로 튀어나오는 것도 있음을 관찰했다.

가이거와 마스덴이 금 원자를 향해 쏜 탄환은 알파 입자라고 불리는 양(陽)으로 대전(帶電)된 입자들이었다. 이 입자는 특정 종류의 물질(物質, material)에서 나온다.

> **정말** 알고 싶다면 말해줄게요. 알파 입자는 두 개의 양성자와 두 개의 중성자로 이루어져 있으며, 불안정한 종류의 일부 원자에서 자연발생적으로 방출되죠. 그건 일종의 자연 방사능입니다.

알파 "탄환"이 금 원자를 통과할 때, 양전하를 띤 알파는 원자핵 속의 양전하에 반발되어 비껴나게 된다. 만약 금 원자 속에 양전하가 골고루 퍼져 있다면—원자의 건포도 푸딩 모형의 예상처럼—원자의 질량과 전하 때문에 알파 입자는 약간만 휘어질 것이다. 그것은 엔진이 없는 자동차에 총을 쏘는 것과 비슷하다—이때 총알은 항상 자동차를 관통하게 된다.

어니스트 러더퍼드
(1871-1937)

러더퍼드와 그의 동료들은 알파 탄환들이 약간만 비껴나서, 실험 결과를 통해서 건포도 푸딩 모형이 입증될 것이라고 예상했다. 실제로 그들은 많은 알파 입자들이 약간 편향되는 것을 확인했다. 그러나 그들은 일부 알파 입자들이 금박지에서 튀어나오는 것을 보고 깜짝 놀랐다.

> 아참! 러더퍼드의 친구 한스 가이거는 가이거 계수기(計數器)를 발명한 바로 그 가이거입니다. 가이거 계수기는 방사능을 탐지하는 데 널리 사용되죠.

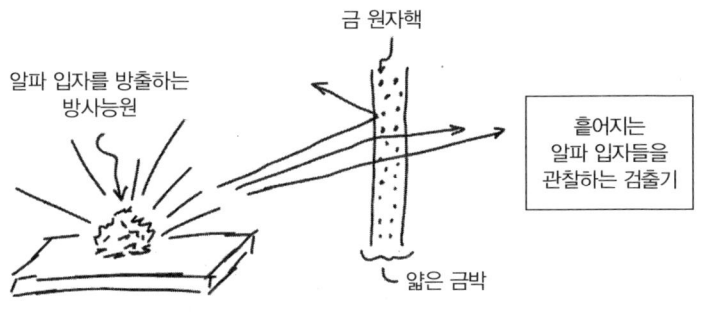

> 평생 내가 겪었던 일들 중에서 가장 놀라운 사건이었다. 그것은 마치 얇은 화장지에 직경 15인치(약 38센티미터)의 대포 알을 발사했는데 도로 튕겨져나와 당신에게 맞은 격이었다.
> ―어니스트 러더퍼드

러더퍼드는 원자 대부분의 질량과 양으로 대전된 모든 전하가 원자 중심에 있는 작은 공 안에 모여 있으며, 대부분의 알파 입자는 원자를 관통하지만 이따금씩 알파 탄환이 도로 튀어나온다는 것을 깨달았다.

따라서 러더퍼드는 원자 속에 있는 양전하를 띤 양성자들이 원자 중심의 원자핵에 응집해 있다고 주장했다. 이것이 물리학자들이 원자의 원자핵 모형이라고 부르는 것이다.

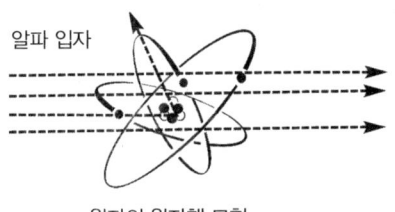

원자의 원자핵 모형

덴마크의 젊은 물리학자 닐스 보어는 러더퍼드, 가이거, 그리고 마스던이 알파 입자 산란 실험을 하고 있었을 때 러더퍼드의 실험실에서 연구를 하고 있었다. 그는 당시 진행 중이던 실험의 중요성을 이

닐스 보어(1885-1962)

해했고, 1913년에 유명한 원자의 원자핵 모형을 제안했다. 이 모형은 양자역학을 발전시키는 데에 중요한 기여를 했다. 원자 구조가 양자화된 첫 번째 사례였기 때문이다.

어니스트 러더퍼드는 "원소의 붕괴와 방사성 물질의 화학에 대한 연구"로 1908년에 노벨 화학상을 받았어요.

보어의 원자 모형에서 양성자와 중성자는 원자 중심의 아주 작은 원자핵 속에 응집되어 있으며, 전자들은 원자핵 주위를 원 궤도를 그리며 움직인다.

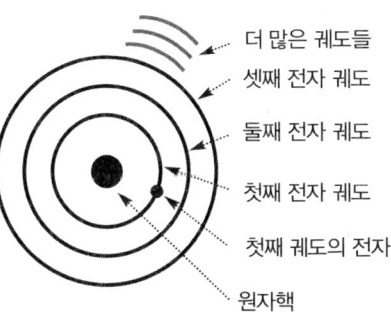

- 더 많은 궤도들
- 셋째 전자 궤도
- 둘째 전자 궤도
- 첫째 전자 궤도
- 첫째 궤도의 전자
- 원자핵

양성자와 중성자는 전자에 비하면 질량이 매우 크기 때문에, 원자를 이루는 대부분의 질량은 중심부에 몰려 있다. 또한 양전하도 원자핵에 집중되어 있다. 모든 양성자가 원자핵에 몰려 있기 때문이다.

보어라고요? 그렇게 지루한 사람인가요? 내 농담을 알아들었죠? 하하!(Bohr는 따분하다는 뜻의 영어 bore와 발음이 같다/역주)

양전하를 가진 원자핵은 음전하를 띤 전자를 끌어당기고, 원자 속에 붙잡아둔다.

원자 속의 전자는 투석기에 매달려 빙빙 돌아가는 돌멩이와 비슷하다. 이때 투석기의 줄은 사람이 줄을 놓을 때까지 돌멩이가 사람 주위를 벗어나지 못하고 회전하게 만든다. 보어의 원자 모형에서, 음전하의 전자와 양전하를 가진 원자핵 사이에서 작용하는 전기적 인력(引力)이 투석기의 가죽끈과 비슷하게 전자가 원자를 벗어나지 못하게 잡아당기는 역할을 한다.

보어는 그의 원자 모형으로 무척 새롭고, 매우 중요하고 낯선 무엇인가를 제안했다. 그는 전자 궤도를 "양자화"했다.

> 정말이요? 그가 전자 **궤도를 양자화했다니**, 멋지네요! 음……그런데 그게 무슨 뜻이죠?

> 예측은 매우 힘들다. 특히 미래에 대한 것이라면.　　―닐스 보어

> 흔히 고전물리학이라고 불리는 당시의 물리학에서, 물리학자들은 하나의 원 궤도에서 움직이는 전자는 빛을 방출하고 에너지를 잃는다고 생각했어요. 그리고 에너지를 잃으면 전자는 나선을 그리며 원자핵으로 떨어지고, 원자는 없어진다는 식이었죠. 이때 방출된 빛은 폭넓은 색깔의 띠를 이루며 나타난다고요. 하지만 실제 원자에서는 이런 일이 일어나지 않아요.

> 알겠죠, 고전적인 설명은 완전히 틀렸어요! 원자는 안정적이고, 양전하는 모두 중심에 몰려 있죠. 또한 빛의 특정 색깔만이 원자에 의해서 흡수되거나 방출된다고요. 나는 뭔가 새로운 것을 생각해야만 했어요.

보어는 전자가 원자의 특정 궤도에만 존재할 수 있으며—즉 궤도들이 "양자화되었고"—그 이유는 모르지만, 이 궤도들이 안정적이라고 주장했다. 그런 다음, 그는 전자가 광자라고 불리는 빛의 묶음을 방출하거나 흡수할 때에만 안정적인 다른 궤도로 옮겨갈 수 있을 것이라는 가설을 세웠다.

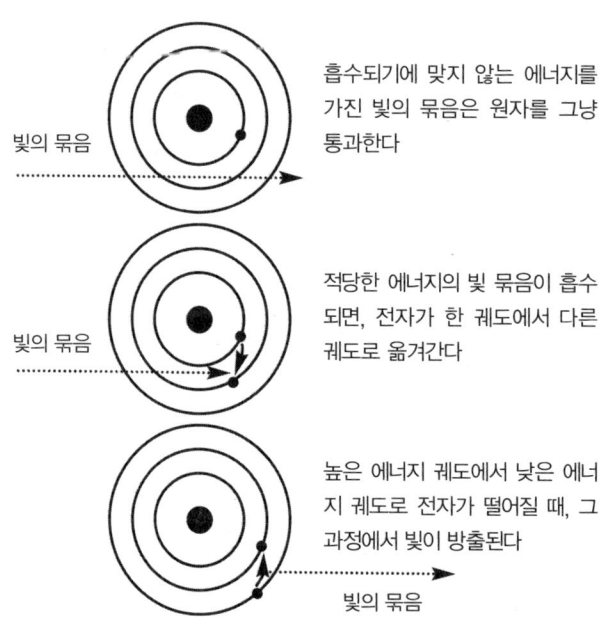

흡수되기에 맞지 않는 에너지를 가진 빛의 묶음은 원자를 그냥 통과한다

적당한 에너지의 빛 묶음이 흡수되면, 전자가 한 궤도에서 다른 궤도로 옮겨간다

높은 에너지 궤도에서 낮은 에너지 궤도로 전자가 떨어질 때, 그 과정에서 빛이 방출된다

닐스 보어는 1922년에 "원자 구조와 원자로부터 방출되는 복사(輻射)에 대한 연구에 기여한 공로"로 노벨 물리학상을 받았습니다. 또한 그의 아들인 오게 보어도 노벨 물리학상을 받았죠. 이 부자(父子)가 아침식사를 하면서 어떤 대화를 나눴을지 상상해보세요!

보어의 원자 모형은 처음으로 원자 스펙트럼(atomic spectrum)을 성공적으로 기술했다. 원자 스펙트럼이란 물질이 방출하고 흡수하는 색의 패턴을 뜻한다. 원자의 종류마다 제각기 한정된 색깔(또는 주파수)만을 흡수하고 방출한다는 사실은 오래 전부터 알려져 있었지만, 확실하게 기술된 것은 처음이었다.

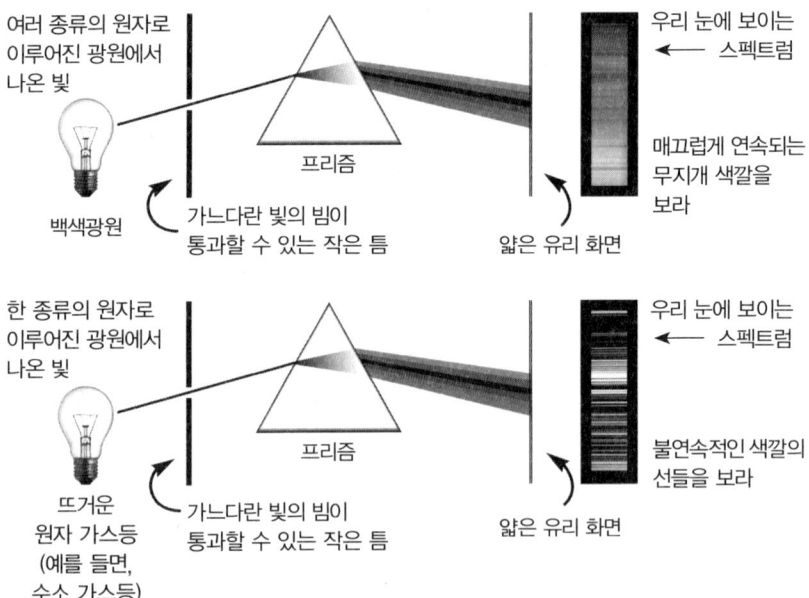

광원으로 쓰이는 원자에 따라서 화면에 나타나는 선의 패턴이 달라진다

서로 다른 종류의 원자에서 방출되는 색깔의 패턴(무늬)은 그 원자의 지문(指紋)과도 같다. 보어 모형은 전자가 띄엄띄엄 떨어진(양자화된) 궤도상에만 존재할 수 있고, 두 보어 궤도 사이의 에너지의 차이에 정확히 상응하는 광자 에너지 또는 색깔을 가지는 빛만이 방출되거나 흡수될 수 있을 것이라고 예견했다. 보어의 모형은 허용된 전자 궤도의 정확한 에너지로 간단한 원자(전자가 하나인 원자)에서 나오는 빛을 기술할 수 있었다. 이것은 놀라운 과학적 성공이었다!

나도 경찰서에서 지문 채취를 당한 적이 있었지. 그렇지만 아무도 그게 과학적 성공이라고 생각하지 않더군, 특히 내 마누라는!

> 우리가 역설에 직면했다는 것은 얼마나 멋진 일인가. 이제 발전을 이룰 수 있는 약간의 희망을 가지게 되었으니 말이다.　　　　—닐스 보어

보어의 원자 모형에는 광자의 개념이 들어 있다. 그의 모형이 원자 스펙트럼을 성공적으로 기술할 수 있었다는 사실은 빛의 입자적 성격을 믿게 만든 또 하나의 커다란 이유였다!

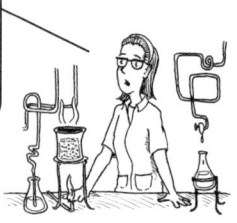

1924년, 프랑스의 한 박사과정 학생이 놀라운 주장을 내놓았다. 루이 드 브로이의 주장에 따르면, 만약 빛이 입자이면서 동시에 파동이라면 전자와 같은 물질 입자도 파동이자 입자일 수 있다는 것이었다! 그는 물질의 "파장"이 질량과 입자의 속도에 의해서 결정되는 방식을 예측했다.

드 브로이의 주장은 보어가 제시했던 원자의 상(像)에서 왜 특정 전자 궤도만이 안정적인가라는 물음에 흥미로운 설명을 제공했다. 특정한 "파장"을 가

루이 드 브로이
(1892-1987)

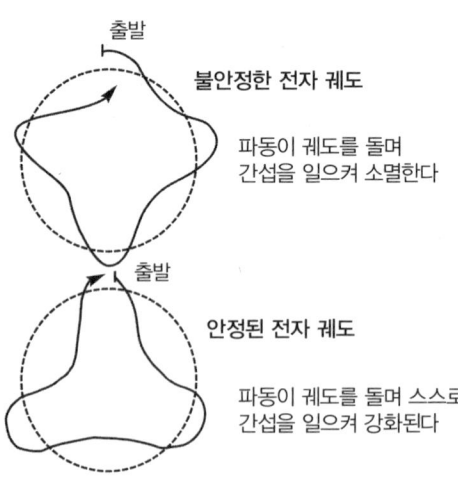

진 전자가 있다고 하자. 이때 그 전자의 파장의 배수(倍數)에 해당하는 원주를 가진 궤도만이 안정적일 것이며, 그렇지 않으면 그 전자는 원 궤도를 도는 과정에서 소멸하게 될 것이다! 이것은 기타나 바이올린의 진동하는 현이 특정한 음만을 명료하게 내는 이치와 비슷하다.

잠깐만요! 파동은 입자와는 전혀 다르잖아요. 만약 갑자기 우리가 입자를 입자가 아닌 파동이라고 한다면, 모든 물리이론은 작동하지 않게 되는 거 아닌가요? 그렇죠?

사실……맞는 말이에요. 어느 정도는 사실입니다. 보통 크기의 물체는 파장이 너무 짧아서 우리가 알아차리기 힘들죠. 그런 물체는 파동적 특성을 고려할 필요도 없어요. 이런 경우 고전물리학이 완벽하게 작동하죠. 그러나 드 브로이에 따르면, 크기가 아주 작은 경우, 그러니까 육안으로 볼 수 있는 것보다 훨씬 더 작을 경우에는 그 물체의 파동적 특성이 무척 중요해집니다. 이미 1920년대에 물리학자들은 이 점을 깨달았고, 물질파(물질의 파동)를 다루기 위해서 새로운 종류의 물리학을 창안해야 했어요.

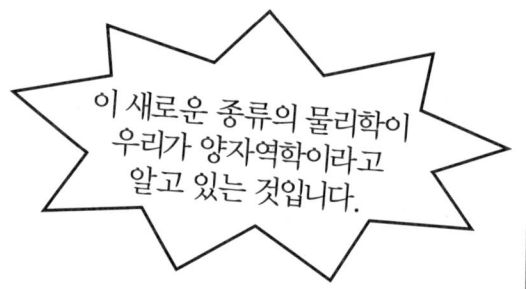

이 새로운 종류의 물리학이 우리가 양자역학이라고 알고 있는 것입니다.

드 브로이는 물질파에 대한 그의 가정을 박사논문의 일부로 제시했어요. 그는 1929년에 "전자의 파동적 본성을 발견한" 공로로 노벨 물리학상을 받았죠. 박사논문으로 노벨상을 받은 사람은 그가 처음이었어요.

1924년 이후, 물질이 파동과 같은 특성을 가진다는 사실을 입증하는 수많은 과학 실험이 이루어졌다. 파동—입자 이중성은 눈으로 볼 수 있도록 시각화하기는 어렵지만 자연의 본성으로 생각된다.

만약 서퍼 녀석이 아니라면, 내가 일하는 데 파동에 대해서 생각할 필요는 없을 거예요. 그렇지 않나요? 내 말은 우리가 일상생활에서 이런 문제를 고민할 필요가 없다는 거죠.

맞아요. 전자처럼 작은 물체는 종종 파동처럼 움직여요. 하지만 야구 공이나 자동차는 커다란 입자처럼 움직일 뿐이죠. 이상하게 생각될지 모르지만 야구 공이나 차도 파동을 가진답니다. 하지만 그 파장이 너무 작아서 우리가 알아차리지 못하는 것뿐이죠.

따라서 빛의 특성뿐만 아니라 물체의 특성을 기술하려면, 파동과 입자를 동시에 거론해야 한다. 전자를 더 이상 단일하고 작은 전기 알갱이로 생각해서는 안 된다. 전자는 파동과 연관되어야 하며, 이 파동은 결코 가공의 것이 아니다. 그 파장은 측정될 수 있으며, 그 [특성은] 예측이 가능하다.
―루이 드 브로이의 노벨상 수상 강연에서(1929)

전자는 아주 작다. 따라서 전자의 파동적 특성은 중요하다. 원자를 이해하기 위해서, 물리학자들은 전자의 파동 특성을 고려한 이론을 창안했다. 이 노력에 내로라하는 수많은 물리학자들이 기여했다.

처음 양자역학이 탄생하는 데 크게 기여한 인물들 중 일부

막스 보른(1882-1970)
"양자역학의 토대를 닦은 연구"에 기여한 공로로 1954년에 노벨 물리학상을 받았다.

폴 디랙(1902-1984)
"원자이론의 새로운 생산적 형태를 발견한" 공로로 1933년에 노벨 물리학상을 수상했다.

베르너 하이젠베르크 (1901-1976)
"양자역학을 창안한" 공로로 1932년에 노벨 물리학상을 받았다.

에르빈 슈뢰딩거 (1887-1961)
"원자이론의 새로운 생산적 형태를 발견한" 공로로 1933년에 (디랙과 함께) 노벨 물리학상을 수상했다.

볼프강 파울리 (1900-1958)
"배타원리(排他原理)를 발견한" 공로로 1945년에 노벨 물리학상을 받았다.

서퍼 녀석(1989-)
노벨 물리학상을 받을 가능성은 없지만, 고등학교 카페테리아 식당의 냄비 요리를 한번에 3개나 먹어치운 경력이 있고 지금까지 줄곧 그 이야기를 해왔다.

"어이, 서퍼. 이리 나와. 자네가 낄 자리가 아니야."

1920년대에 물리학자들은 새로 발견된 물질의 파동적 성격을 고려하면서, 서서히 작은 입자들의 거동을 지배하는 수학적 연관들을 이해하고 발전시켰다.

"예를 들면, 여기에 슈뢰딩거 방정식의 한 가지 형태가 있어요. 이 방정식은 힘의 영향을 받는 3차원에서 단일 입자의 거동을 이해하는 열쇠를 쥐고 있죠. 이것이 바로, 예를 들면, 우리가 전자가 하나인 원자를 이해하는 데 꼭 필요한 것입니다."

$$i\hbar\frac{\partial}{\partial t}\Psi(\vec{r},t) = -\frac{\hbar^2}{2m}\nabla^2\Psi(\vec{r},t) + V(\vec{r})\Psi(\vec{r},t)$$

"말을 자르기는 정말 싫지만, 교수 양반. 지금 아무도 당신 설명을 따라가지 못하고 있다고."

"좋습니다. 그러면 다시 설명하죠. 파동은 입자와는 다릅니다. 고전물리학에서 입자는 입자일 뿐이고 혼란스러운 파동적 특성 따위는 없어요. 한 입자의 위치와 운동을 알면, 그 입자에 미치는 모든 힘을 알 수 있고 미래에 그 입자가 어디에 있을지 정확히 계산할 수 있다는 식이죠. 그렇지만 물체가 파동과 같은 특성을 가지게 되면 사태는 그렇게 단순하지 않습니다. 도대체 파동의 위치는 정확히 어디일까요? 마찬가지로 우리가 한 입자의 파동적 측면에 대해 얼마간 알게 된다면, 그 입자의 입자적 측면에 대해서는 어떻게 이야기할 수 있을까요?"

물체의 파동적 성질이라는 문제에 직면하자, 물리학자들은 뉴턴 이래 그래 왔듯이 힘의 영향을 받는 입자의 운동을 분석할 수 없다는 사실을 알게 되었다. 개나 자동차처럼 큰 입자의 경우, 파동적 성질은 두드러지지 않으며 전통적인 설명양식이 잘 들어맞는다. 그러나 작은 입자들에서는 파동적 성질이 중요하며, 과거의 방식은 이러한 성질을 이해하기에 불충분했다. 이러한 문제를 해결하기 위해서 양자역학이 수립되었다. 그렇지만 양자역학의 설명은 대부분의 사람들에게 낯설게 느껴진다. 양자역학의 계산을 통해서 얻을 수 있는 것은 확실성보다는 확률이다. 그것은 어떤 입자의 위치를 정확하게 이야기할 수 없으며, 단지 그 입자가 공간상의 특정 영역에 위치할 확률을 알 수 있을 뿐이다.

원자의 예를 들어보자.

양성자와 전자가 각기 하나인 가장 단순한 원자를 생각해보자.

보어의 원자 모형과 비슷하게, 단일 전자 원자에 대한 양자역학의 해(解)는 전자가 띄엄띄엄 떨어진 상태(state)로만 존재할 수 있다고 이야기해준다.

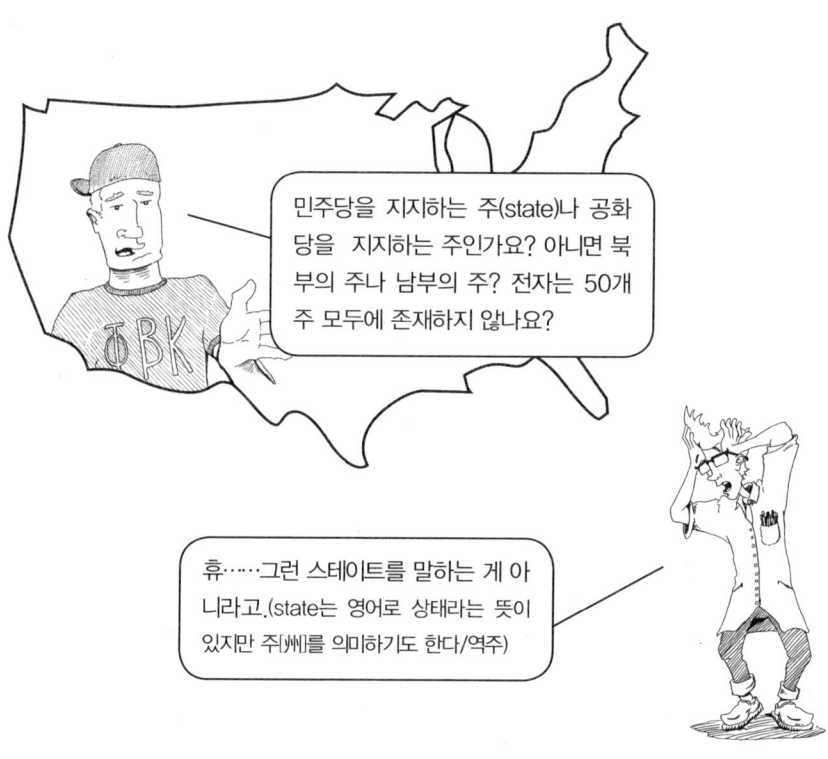

양자역학에서 물리학자들이 사용하는 상태라는 말은, 실제로는 **존재 상태**(state of existence)를 뜻한다. 예를 들어 전자가 하나인 원자에 대한 양자역학의 해는 전자가 특정 에너지를 가진 채, 원자핵 주위의 특정한 공간 영역에만 존재할 수 있다고 이야기한다. 수용 가능한 특정 에너지를 가지는 이러한 공간적 영역 중 하나에 있는 전자를 특정한 **양자 상태**(quantum state)에 있다고 말한다. 그 전자가 원궤도(圓軌道)에만 존재한다는 점에서는 보어 모형과 비슷하지만, 전자에 상응하는 각각의 궤도는 서로 다른 고정된 에너지를 가진다.

원자 안쪽의 양자 상태는 산꼭대기를 향해 구불구불 올라가는 길 주변에 줄지어 있는 집들과도 같다. 하나의 집에는 한 사람이 살 수 있고, 집과 집 사이에는 아무도 살 수 없다. 많은 에너지를 가진 사람은 더 높은 곳에 있는 집에 올라가 살 수 있지만, 에너지가 충분하지 않은 사람은 그보다 낮은 곳에 있는 집에서 살아야 한다. 양자역학의 세계에서, 사람이 거주할 수 있는 집들은 원자 내부의 가용한 양자 상태에 비유될 수 있다.

보어 모형의 단순한 원들과 달리, 완전히 발전한 양자역학의 원자 해는 전자가 발견될 수 있는 이상하게 생긴 영역들로 나타냅니다. 아래 그림의 예들이 원자 속에서 나타날 수 있는 양자 상태의 모습들이죠. 여기에서 음영으로 표시된 부분이 전자가 특정 양자 상태, 또는 거주할 수 있는 집 안에 있다고 가정했을 때 원자핵 주변에서 발견될 가능성이 가장 높은 영역을 나타낸 것입니다. 이 영역들을 전자가 입주할 수 있는 몇 가지 주거 계획으로 생각해봅시다.

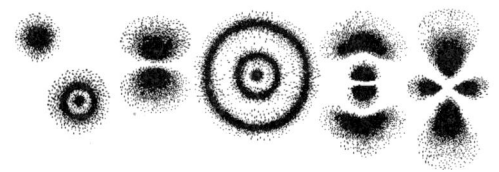

대부분의 원자는 전자가 여러 개이다. 이러한 원자들에서 일반적으로—양자역학에 따라서—전자들은 가장 낮은 에너지 상태에서 그보다 높은 상태로, 그리고 한 상태에 전자 두 개씩 가용한 양자 상태를 채워나간다. 전자의 공간적 배치와 에너지는 원자핵의 전하와 원자의 전자 개수에 의해서 결정된다.

원자는 종류(이것을 원소라고 부른다)에 따라서 원자핵의 양전하와 전자 개수가 다르다. 이것은 원자핵을 둘러싼 전자의 에너지와 그 공간적 구성이 원자의 종류에 따라서 특유하다는 뜻이다.

각각의 원자가 원소라고 불린다고요?

그게 아니에요! 각각의 원자의 **종류가** 원소죠. 그러니까, 예를 들면 금은 원소예요. 철, 탄소, 그리고 산소도 마찬가지고요. 모두 100개가량의 원소가 있습니다. 원소에는 저마다 고유한 특징이 있고, 다른 원소들과 상호작용하는 방식도 달라요. 과학자들은 그것을 그 원소의 **화학적 성질**이라고 부릅니다.

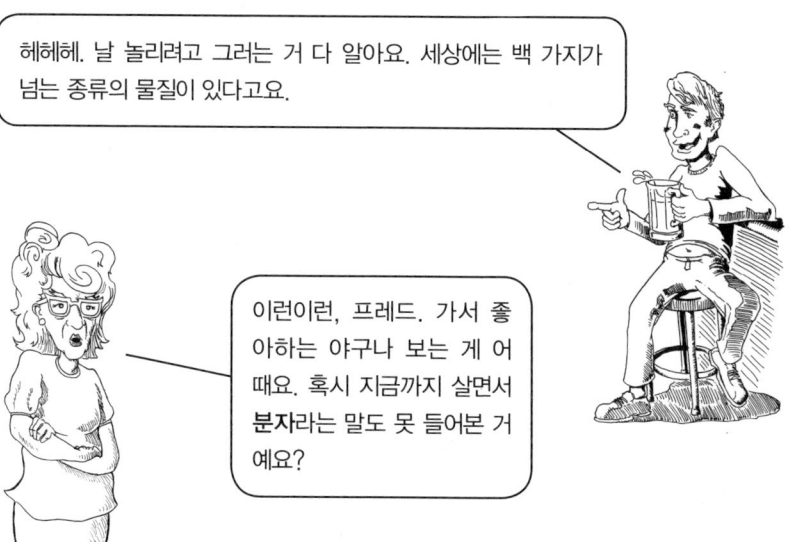

원자는 자신이 가지고 있는 전자의 배열을 통해서 다른 원자들과 상호작용한다.

원소들이 저마다 다른 화학적 특성을 가지는 이유는 원자핵 주위의 전자들이 개수나 배열에서 차이가 나기 때문이다. 원자는 다른 원자와 상호작용을 통해서 **분자**(分子, molecule)라는 원자들의 조합을 이룬다. 예를 들면, 이산화탄소는 탄소 원자 1개와 산소 원자 2개가 결합한 분자이다. 분자는 그것을 구성하는 원소들에 따라서 서로 다른 물리적 특성(겉모습, 맛, 경도 등)과 화학적 특성을 가질 수 있다. 원소의 개수는 100개 남짓이지만 세상이 그처럼 다양한 것은 바로 그 때문이다.

> 그런데 왜 어떤 원자들은 서로 결합해서 분자가 되고, 다른 원자들은 그렇지 않은 거죠? 내 금팔찌가 퀴퀴한 금 산화물이 되어서 바람에 날아간다면, 정말 끔찍할 거예요!

    화학반응이 언제 일어나는지 여부를 결정하는 데에는 여러 가지 사항들이 영향을 미친다. 화학자들은 이 문제에 관한 전문가이다. 일반적으로, 원자가 적극적으로 결합을 하거나 상대를 교환하려고 할 때 그런 활동이 이루어진다. 그것은 최종 산물이 최초의 물질보다 결합된 에너지를 적게 가지고 있을 때 결합이나 교환이 일어난다는 뜻이다.

    때로는 결합이 시작되기 위해서 약간의 자극이 필요한 경우도 있다. 예를 들면, 나무는 불에 탄다. 그러나 불이 붙기 시작하려면 약간의 도움이 필요하다. 불타는 나무가 내는 열과 빛은 나무 속에 들어 있는 분자들이 그보다 작고 에너지를 적게 가진 분자들로 바뀌면서 방출되는 에너지이다.

나트륨은 폭발성이 있는 회색 금속이다. 나트륨 원자 1개에는 11개의 전자가 있다. 양자역학에 따르면, 전자들은 위의 산악 마을에 그림과 같은 배열을 하고 있다.

염소는 부식성이 있는 노란색 기체이다. 염소 원자 1개에는 17개의 전자가 있으며, 위의 그림과 같은 배열을 하고 있다.

염소와 나트륨은 모두 무척 위험한 물질이다. 그러나 염소와 나트륨이 만나면, 쌍을 이루지 않은 나트륨 전자가 역시 쌍을 이루지 않은 염소의 전자와

결합하게 된다. 양자역학에 따르면, 새로운 전자 구성은 에너지를 덜 필요로 한다. 이제 전자가 교환되었고, 나트륨 원자는 총량으로 양전하를 가지게 되고, 염소 원자는 음전하를 띠게 된다. 서로 다른 전하 때문에, 두 원자는 서로 이끌려 함께 결합한다. 그 최종 결과가 우리가 먹는 소금, 즉 식염(食鹽)이다!

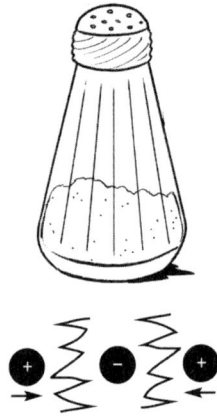

소금에서, 두 원자 사이에서 한 개의 전자가 완전히 교환되었죠. 원자들 사이에서 나타나는 또다른 종류의 결합은 두 원자가 전자들을 공유할 때 나타나요. 이때 양전하를 띤 두 개의 원자핵 사이에 음전하의 영역이 형성되어 원자핵을 서로 끌어당기게 된답니다.

그러므로 물리학의 대부분과 화학 전체의 수학 이론을 위해서 필요한 본질적인 물리법칙들이 완전히 밝혀진 것이다. ―폴 디랙, 양자역학의 발전에 대하여

10
불가사의한 양자역학

양자역학이 화학작용에 대해서 그렇게 많은 것을 알려준다니 정말 대단한 걸요. 나도 양자역학을 조금 배워둘 필요가 있겠어요. 그러면 여자친구를 저녁식사에 초대하기 전에 잘 통할 수 있을지 미리 알 수 있겠죠!

안됐지만, 서퍼 친구. 지금 우리는 그런 종류의 화학작용을 얘기하는 게 아니에요. 기회를 잡으려면 그저 계속 기다리는 방법밖에 없을걸요.

양자역학은 원자 구조, 기본적인 화학, 그리고 빛과 물질의 상호작용을 과학적으로 이해하기 위한 열쇠이다. 그러나 양자역학은 원자를 이해하는 통로 이상의 무엇이다—그것은 원자의 비밀보다 훨씬 더 기괴한 우주를 발견하고 이해하기 위해서 과학자들이 사용했던 도구이다.

오, 좋아! 나는 푸딩을 사랑하는 것만큼이나 괴상한 것들을 사랑하지!

어떤 힘을 받는 상태에서 물체가 움직이는 방식을 결정하는 데에 사용되는 기본 개념은 1687년 아이작 뉴턴 경이 쓴 『자연철학의 수학적 원리(*Philosophiae naturalis principia mathematica*)』라는 책에서 수립되었다.

뉴턴은 세 가지 운동법칙을 세웠다. 이 법칙들은 물리학자와 공학자들이 건물과 다리를 건설하고, 로켓을 발사하고, 자동차 사고를 재구성하고, 박격포를 발사하는 등, 힘과 물체에 관계되는 모든 일에 사용되는 계산의 기본을 이루었다. 뉴턴이 정식화한 개념들은 물리학자들이 고전역학(classical mechanics)이라고 부르는 역학의 핵심이다. 뉴턴의 고전역학 이론은 굉장한 성공을 거두었다. 건물들이 무너지지 않고 서 있고, 비행기가 하늘을 날고, 미사일이 목표물에 명중할 수 있는 것은 모두 역학 이론이 훌륭하게 들어맞기 때문이다. 실제로 뉴턴의 고전역학은 우리가 일상생활에서 겪는 모든 일들을 이해하고 기술하는 데에 사용될 수 있다.

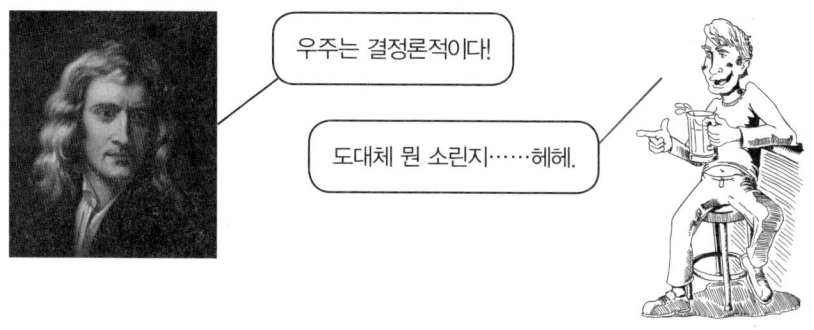

고전역학에 따르면, 우주는 **결정론적**이다. 그 뜻은 만약 당신이 어떤 물체의 위치와 속도, 그리고 그 물체에 가해지는 힘을 안다면, 그것이 미래에 어느 곳에 있을지 정확히 계산할 수 있다는 것이다.

결정론의 한 측면은—고전역학에 따르면—한 입자의 **정확한** 위치와 속도를 결정할 수 있다는 것이다. 예를 들면, 당신이 정확한 위치를 측정하기 위해서 자동차의 한 지점에 빛을 쏘아보내 반사시킨다고 하자. 시간 차이를 두고 차에 두 번 빛을 반사시켜 돌아오게 하면, 그 자동차가 시간의 흐름에 따라서 어떻게 움직이는지 알 수 있고, 그 결과를 통해서 자동차의 속도를 결정할 수 있다. 뉴턴에 따르면, 측정기구와 기법을 차츰 향상시키면 위치와 속도에 대한 결정은 점점 더 정확해질 것이고……거기에는 어떤 제한도 없다.

이러한 결정론적 우주 개념을 극단적으로 밀고 나가서 모든 입자의 위치와 속도, 그리고 그 입자에 미치는 힘들을 남김없이 알 수 있다고 가정하면, 이론

상 우리는 우주의 미래를 예측할 수 있다. 이 계산을 하려면 상상할 수 없을 만큼 큰 컴퓨터가 필요할 것이다. 실제로는 어렵겠지만, 현실적인 제약을 무시한다면 분명 가능한 일이다.

오! 상대론적 시간 구부러짐은 젊음에도 해당되는군. 논문을 쓸 주제가 하나 생겼는걸.

뉴턴이라는 친구의 얼굴은 아주 낯이 익은데. 헤어스타일이 맘에 드네요. 록 밴드에서 드럼을 연주했나요? 롤링스톤스의 멤버인가요? 1726년에 죽었다니, 롤링스톤스의 첫 번째 앨범은 그 전에 발매되지 않았던가요?

우주는 결정론적이지 **않다**!

$$ i\hbar \frac{\partial}{\partial t}\Psi(\vec{r},t) = -\frac{\hbar^2}{2m}\nabla^2\Psi(\vec{r},t) + V(\vec{r})\Psi(\vec{r},t) $$

이봐, 교수 양반. 아주 멋진 낙서로군. 갱단에라도 들어간 건가?

입자와 파동은 다르다

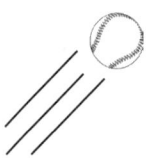

친구들과 야구를 하러 간다고 하자. 야구 공을 찾아내기는 어렵지 않다. 당신은 야구 공이 어디에 있는지 확실하게 이야기할 수 있다. 친구들은 당신이 왜 그러는지 이상하게 생각할지도 모른다. 그러나 분명 당신은 할 수 있다. 심지어 원한다면, 공의 중심의 위치가 어디인지, 또는 공의 가장자리가 어디인지 확실히 특정할 수 있다.

해변에 갔는데, 친구가 당신에게 파도의 위치가 어디냐고 물었다고 하자. 당신은 어떻게 대답할 것인가? 파도를 보고 그것을 가리키기는 아주 쉽다. 해변에서 볼 수 있는 보통 파도의 물마루는 길이가 30미터, 폭이 5미터가량 될 것이다.

그러나 그 파도의 위치를 좀더 정확하게 정하려고 한다면, 과연 파도의 중심은 어디인가? 또 가장자리는 어디 쯤인가? 파도의 위치를 정하는 것은 야구 공의 경우처럼 간단하지 않다.

고전물리학은 입자의 입자적 측면을 다루는 데 비해서, 양자역학은 입자를 파동으로 다룹니다. 아주 작은 입자의 경우, 두 가지 접근방식은 전혀 다른 결과를 낳죠. 이처럼 작은 입자에서는 파동적 측면이 중요해요.

다시 말해서, 양자역학이 조금 이상하게 느껴지는 까닭은 입자에 대한 사람들의 직관이 입자적 관점에 더 가깝기 때문입니다.

그렇다면 파동과 입자는 얼마나 다른가? 대형 방파제를 위에서 내려다본다고 하자. 한쪽에서 커다란 파도가 방파제를 때리고 있다. 방파제에는 작은 배 한 척이 지날 수 있는 정도의 작은 틈이 있다. 그 틈을 지나는 배의 선장은 키를 수평으로 놓아 일직선으로 움직인다. 이 때 배는 하나의 입자처럼 움직이며, 고전역학으로는 배가 해안의 어느 지점에 도달할지 예측할 수 있다.

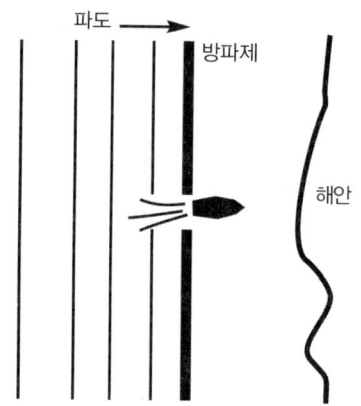

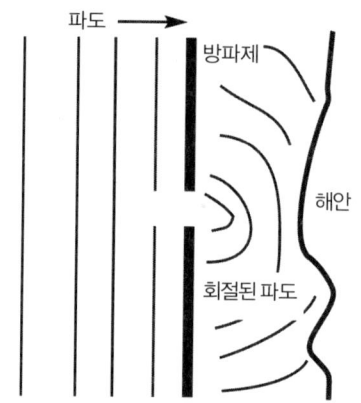

방파제의 틈을 때린 파도도 그 틈을 통과하여 안쪽에 도달할 수 있다. 그러나 이 파도는 틈을 통과하면서 확산된다. 이 현상을 회절(回折, diffraction)이라고 한다. 회절은 모든 파동에서 일어날 수 있다. 확산된 물결 면은 해안 전체를 친다.

전자와 같은 입자는 파동과 같은 특성을 가지기 때문에 아주 좁은 틈을 지날 때면 회절을 일으키거나 확산된다. 실험을 통해서 과학자들은 정확히 이러한 현상이 일어난다는 사실을 입증했다! 이것은 입자가 파동과 같은 특성을 가질 것이라는 드 브로이의 추측이 옳다는 것을 알 수 있는 한 가지 방법이다.

> 잠깐만요. 그러면 아주 좁은 틈을 지나는 입자들이 모두 확산된다는 뜻인가요? 어떻게 전자 하나가 확산될 수 있죠?

> 아! 이제 우리가 문제의 핵심에 다가서고 있군요. 썰렁한 농담을 해서 미안해요. 어쨌든, 그 물음에 대한 답은 "아니다"예요. 양자역학은 전자가 확산된다고 말하지 않아요. 양자역학의 계산에서 나온 것은 전자의 **파동함수**(波動函數, wave function)의 해(解)랍니다. 확산되는 것은 파동함수고요. 파동함수는 우리에게 전자가 발견될 수 있는 **확률 분포**(確率分布, probability distribution)를 알려주죠.

> 사실 나는 전자가 어디에서 발견될 가능성이 있는지의 확률 분포를 제공하는 것은 파동함수의 **제곱**이라고 생각합니다. 하지만 그 이상의 상세한 내용은 이 책에서 중요하지 않을 것 같군요.

> 좋아, 교수 양반. 혼란이 지식에 도달하는 첫걸음이라면, 나는 천재가 될 것이 분명해. 파동함수인지 개똥인지 하는 걸 좀더 잘 이해할 수 있게 해줘봐.

하나의 전자가 좁은 틈을 통과해서 감광성(感光性) 필름에 도달한다고 하자. 그 전자는 입자이다. 따라서 그것이 도달한 필름상의 한 지점에 작고 검은 점이 생길 것이다. 양자역학은 우리에게 개별 전자가 어느 곳을 때릴지 알려줄 수 없다. 그 대신에 양자역학은 우리가 파동함수라고 부르는 형식으로 전자 파동에 대한 정보를 제공하며, 그 정보는 다시 전자가 필름의 여러 지점을 때릴 상대적 확률을 특정해준다. 만약 1,000개의 전자들을 필름을 향해 쏜다면, 그 전자들은 정확히 양자역학 계산으로 결정된 파동함수가 예측한 방식으로 필름상에 분포할 것이다.

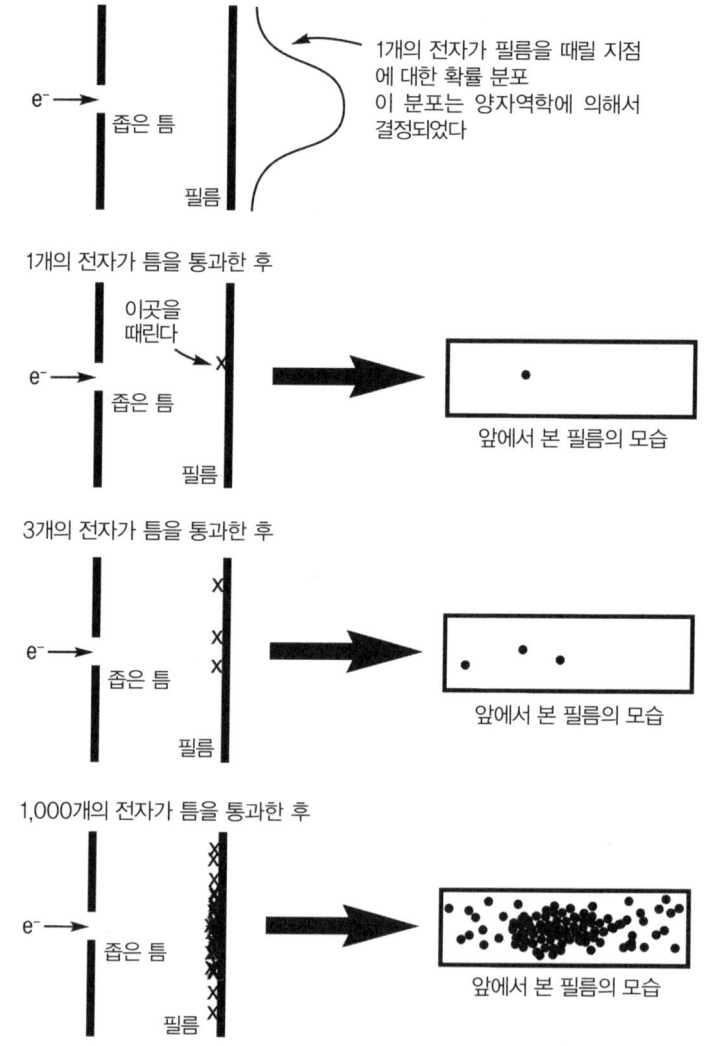

필름에 나타나는 수많은 전자들의 분포는 양자역학의 확률분포 계산과 정확히 일치한다. 그렇지만 양자역학은 개별 전자가 어디로 갈지는 예측하지 못한다. 양자역학은 전자가 도달할 수 있는 상대적인 확률만을 말해줄 수 있다. 이처럼 불확실한 확률적 지식이 실제 특정한 최종 상태로 변환되는 것을 흔히 파동함수의 붕괴(collapse of the wave-function)라고 한다.

작은 입자의 위치와 운동, 그리고 그 입자에 미치는 힘까지 안다고 해도, 우리는 양자역학을 통해서 기껏해야 그 입자가 특정 경로를 취할 확률을 계산할 수 있을 뿐입니다. 가능한 모든 경로로는 어떤 일이 일어날지 확실하게 알 수 없어요. 이것은 **결정론적 우주가 죽었다**는 뜻입니다! 우리는 개별 입자가 어떻게 될지 확실하게 말할 수 없어요.

파동함수의 붕괴라는 현상이 나를 정말 성가시게 해. 그건 우주가 **국소적**(local)이기 때문이죠!

> 이런, 국소 마취라는 말은 들어봤어도 **국소 우주**라는 말은 처음 들어보네요. 도대체 무슨 이야기를 하려는 거죠?

우리의 친구 아인슈타인을 비롯해서 많은 사람들을 괴롭혔던 개념이 바로 양자역학의 파동함수 붕괴이다. 아인슈타인이 이미 말했듯이, 우리는 국소적인 우주 속에서 살고 있다. 물리학에서 이야기하듯이, "우리는 원인과 결과의 세계에서 살고 있다." 정보는 빛보다 빠른 속도로는 전달될 수 없다. 그것은 어떤 사건이 일어났을 때, 광신호가 첫 번째 사건에서 두 번째 사건이 일어나는 장소로 이동할 시간이 있을 경우에만, 다른 특정 사건을 일으킬 수 있다는 뜻이다. 그렇지 않으면, 두 번째 사건이 첫 번째 사건이 일어났다는 것을 '알아차릴' 방도가 전혀 없다.

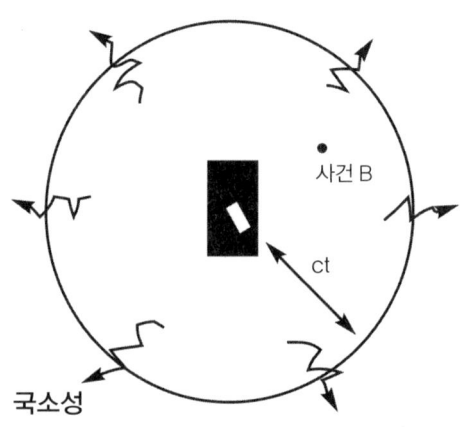

사건 A에서 방출된 빛

국소성

스위치가 과거 방향으로 t초에 연결되었다. 이 시간 동안 빛이 스위치의 위치로부터 거리 ct만큼 이동한다

사건 C

이론적으로 사건 B는 스위치 연결로 일어날 수 있다

사건 C는 스위치를 연결해도 일어날 수 없다. 광신호가 스위치에서 사건 C의 위치까지 이동할 충분한 시간이 없기 때문이다

우주는 국소적이지 **않아요**!

양자역학의 가장 일반적인 해석(흔히 코펜하겐 해석[Copenhagen interpretation]이라고 불린다)에 따르면, 틈을 통과해서 필름 표면을 때리도록 예정된 전자는 파동함수가 존재하는 필름의 모든 위치에 나타날 수 있다. 전자가 관찰되는 것은 파동함수가 붕괴되는 필름상의 특정 위치에서 검은 점이 나타나는 순간뿐이다. 왜냐하면 그 순간에 전자의 위치가 100퍼센트 확실하게 알려지기 때문이다. 이러한 실재의 상에서, 파동함수의 붕괴는 순간적(즉시적, 동시적)이다. 파동함수가 유한한 크기를 가지기 때문에, 이것은 파동함수의 붕괴에 대한 정보가 빛보다 빠른 속도로 움직인다는 뜻이다. 다시 말해서, 파동함수의 붕괴라는 개념은 원인과 결과에 대한 우리의 관념과 위배되는 것처럼 보인다. 양자역학의 이러한 관점을 지지하는 사람들은 최소한 양자 수준에서, 우주가 국소적이지 않다고 믿는다.

이 장의 제목은 "불가사의한 양자역학"입니다. 사실 실재만큼 기이한 것도 없는 것 같아요. 에르빈 슈뢰딩거는 이러한 양자역학의 기이함을 보여주기 위해서 흔히 "슈뢰딩거의 고양이"라고 불리는 아주 흥미로운 예를 들었어요.

도대체 이 양자역학이라는 괴상한 녀석들은 어떤 학교에 다니죠? 호그와트 마술학교?

그거 괜찮은 생각인데요. 그곳에선 당신이 심판을 볼 만한 공놀이를 찾을 수 있지 않을까요?

잠깐! 방사성 붕괴를 설명하기 전까지는 슈뢰딩거의 고양이 이야기를 하면 안 돼요.

어떤 원자핵은 천성적으로 불안정하다. 그런 원자핵은 좀더 안정적인 원자핵으로 붕괴되면서 전자, 광자, 또는 알파 입자를 방출한다.

이러한 물질을 자연 방사성 물질(natural radioactive matter, 自然放射性物質)이라고 한다. 각각의 원자핵의 붕괴는 양자역학적 과정이기 때문에 개별 원자핵이 언제 붕괴할지 아는 것은 불가능하다.

> 하나의 방사성 원자핵이 언제 붕괴할지 예측할 수는 없지만, 과학자들은 여러 차례의 붕괴를 모아서 양을 측정하는 방법을 알아냈답니다.

방사성 물질들은 종류에 따라서 붕괴하는 데에 걸리는 시간이 저마다 다르다. 이것을 반감기(半減期)라고 한다. 반감기는 원자핵의 절반이 붕괴하는 데에 걸리는 시간이다. 다음 반감기에는 다시 나머지 원자핵의 절반이 붕괴해서 원래 원자핵의 4분의 1이 남게 된다. 이 과정은 더 이상 붕괴할 원자핵이 남지 않을 때까지 계속된다. 원자(핵)의 종류에 따라서 반감기는 극히 짧을 수도 있고, 아주 길 수도 있다.

> 자, 이제 준비가 된 것 같군요. 여러분에게 슈뢰딩거의 고양이를 소개하겠어요.

원래 방사성 물질 표본

첫 번째 반감기가 지난 후의 같은 표본.
원자핵의 절반이 붕괴되었다

우와! 정말 예쁜 고양이네요.

그래요. 이제 고양이를 치명적인 독과 방사성 원자핵이 들어 있는 상자에 넣기로 해요.

집에서 절대 따라하면 안 돼요!

귀여운 고양이를 밖에서 들여다볼 수 없는 닫힌 상자 안에 넣는다고 하자. 상자 안에는 반감기가 1시간인 방사성 원자핵과 치명적인 독극물이 들어 있는 용기가 있다. 그리고 망치가 달려 있는 방사능 검출기도 있다. 방사성 물질이 붕괴하면, 검출기는 방사능을 탐지해서 독극물이 들어 있는 용기를 망치로 깨뜨려서 고양이를 죽이도록 설계되어 있다.

잠깐. 나는 동물애호협회 회원인데, 이 근처에서 누군가가 고양이에게 잔학행위를 한다는 신고가 들어왔어. 하지만 내게는 상자밖에 보이지 않는군.

걱정하지 말아요. 이것은 사고실험에 불과해요. 과학적으로 상상하는 것뿐이죠. 고양이는 그림이에요.

이 실험의 물음은 이런 것이다. 이 고양이는 닫힌 상자 속에서 1시간 후에 살아 있을까, 죽었을까? 방사성 원자핵에 대한 우리의 지식에 따르면, 1시간 후에 원자핵이 붕괴했을 확률은 50퍼센트이다. 만약 원자핵이 붕괴했다면, 고양이는 죽었을 것이다. 반면 붕괴하지 않았다면, 고양이는 살아 있을 것이다.

양자역학에 대한 일반적인 해석(그렇다, 이번에도 코펜하겐 해석이다)에 따르면, 상자 안을 들여다보지 않는 한 방사성 원자핵의 정확한 상태를 알 수 없다. 알 수 있는 것은 그 원자핵이 붕괴했을지 여부의 확률(50 : 50)뿐이다. 당신이 상자를 들여다보는 순간, 파동함수는 붕괴할 것이고 원자핵은 붕괴했든지 붕괴하지 않았든지 둘 중 하나가 될 것이다. 거기에는 어떤 불확실성도 없다. 그러나 양자물리학자에 따르면, 상자를 열기 전에는 그 원자핵이 붕괴한 상태와 붕괴하지 않은 상태가 중첩되어 있다고 한다. 이 상태를 나타내면 다음과 비슷할 것이다.

원자핵의 양자 상태 = $\frac{1}{2}$(붕괴된 상태) + $\frac{1}{2}$(붕괴되지 않은 상태)

원자핵은 원자핵일 뿐이다. 이처럼 혼란스러운 원자핵이 있다면, 혼란에 빠지는 것도 이상한 일이 아니다. 그러나 이와 같이 붕괴된 상태와 붕괴되지 않은 상태가 중첩된 원자 상태의 함축은 고양이가 살아 있는 상태와 죽은 상태가 중첩되어 있다는 것이다.

고양이의 상태 = $\frac{1}{2}$(죽은 상태) + $\frac{1}{2}$(살아 있는 상태)

이런, 그건 미친 소리라고. 고양이는 죽었든 살았든 둘 중 하나예요. 둘 다일 수는 없다고요.

이봐! 도대체 뭣 때문에 이 난리인 거죠? 시내에서 밤새 놀고 난 다음 날이면 항상 난 반은 죽었고 반은 살아 있죠! 그런데 그게 양자역학 때문인지는 몰랐는데요.

> 앞에서도 양자역학이 기묘하다는 이야기를 했죠. 이 문제를 보는 다른 관점이 있습니다. 하지만 그 이야기를 들으면 오싹해질 거예요.

많은 물리학자들은 동시에 붕괴하는 파동함수와 절반은 살아 있고 절반은 죽은 고양이와 같은 괴상한 상태의 중첩과 같은 개념들 때문에 혼란을 느꼈다. 이런 문제들을 해결하기 위한 시도로, 1957년에 휴 에버렛은 훗날 양자역학의 다세계(many-world) 해석이라고 불리게 될 제안을 내놓았다.

양자역학의 다세계 해석에서는, 고양이가 상자에 들어가는 순간 우주는 두 개의 우주로 나뉜다. 한 우주에서는 고양이가 살아 있고, 다른 우주에서는 죽었다. 이렇게 되면 파동함수가 붕괴할 필요가 없고, 반은 살아 있고 반은 죽은 고양이도 필요 없어진다. 그러나 서로 소통이 불가능한 복수의 평행 우주들(parallel universes)이라는 개념을 받아들여야 하는 값비싼 대가를 치러야 한다.

양자역학으로 충격을 받지 않은 사람은 아직 그것을 제대로 이해하지 못한 것이다. —닐스 보어

분명 양자역학은 매우 인상적이네. 그러나 내 속의 목소리는 내게 그것이 아직 진짜가 아니라고 말한다네. 그 이론은 많은 것을 이야기하지만, 진정한 의미에서 악마의 비밀에 더 근접한 어떤 것도 알려주지 않지. 아무튼 나는 신이 주사위 놀이를 하지 않는다고 확신하네.
—알베르트 아인슈타인, 1926년 막스 보른에게 쓴 편지에서(종종 이 말은 "신은 우주를 놓고 주사위 놀이를 하지 않는다"라는 말로 변형되어 쓰인다)

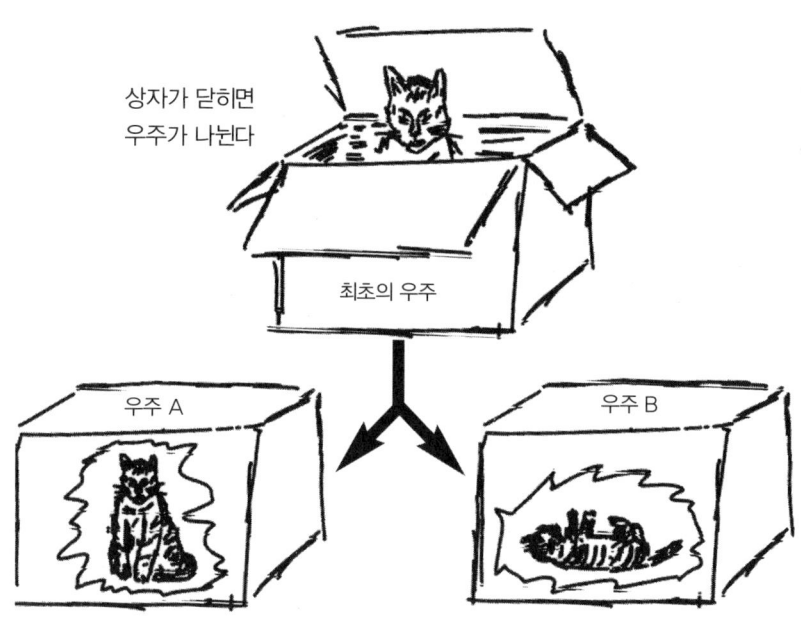

다세계 이론에 따르면, 우주는 일어날 수 있는 모든 양자 과정에 해당하는 수의 우주로 나뉘어야 한다. 그 때문에 우주의 수를 줄일 수 있도록 수정된 이론도 있다. 그러나 금세 걷잡을 수 없이 그 수가 늘어난다!

양자역학은 우리 주위의 세계를 설명한다는 점에서는 매우 탁월하다. 어떤 이론이 유용하기 위해서 반드시 사람들의 직관이나 정신적 안정권에 부합할 필요는 없다.

그러면 평행우주 속에는 미친 듯이 서핑을 하는 서퍼 녀석이 무한한 숫자만큼 있을 수 있다는 뜻인가요? 이럴수가! 하나로도 충분히 골치 아프다고요.

지금도 과학자들은 양자역학을 통해서 이 괴이한 문제들을 이해하려고 열심히 노력하고 있어요. 관심을 좀 가져줘요.

이제 절반은 죽은 고양이들이 그다지 이상하게 여겨지지 않는다면 이야기를 계속하자.

진짜, 진짜 우주는 결정론적이지 **않다**!

좋아. 한번 들어보지. 그게 바로 하이젠베르크의 불확정성의 원리란 건가! 이런 얘기를 날이면 날마다 들을 수 있는 건 아니지.

$$\Delta x \Delta p \geq \frac{h}{4\pi}$$

1920년대 중반에 베르너 하이젠베르크는 우리가 우주에 대해서 알 수 있는 것에는 근본적인 제약이 있다는 사실을 발견했다. 그는 양자세계에서 특정한 양(量)의 쌍들이 동시에 임의적으로 결정될 수 없다는 사실을 밝혔다.

> 그래요. 아주 분명하게 기억하고말고요. 내가 다시 한번 말해볼까요?

고전역학 — 우리의 직관의 물리학 — 에서는 원한다면, 어떤 물체의 위치와 속도(또는 운동량)를 우리가 원하는 만큼 동시에 결정할 수 있다는 점을 상기해보자.

하이젠베르크는 입자를 파동으로 보면 매우 흥미로운 결과가 나온다는 것을 발견했다. 모든 종류의 파동에서 마루가 아주 좁으면 — 그 말은 파동의 위치가 잘 알려져 있다는 뜻이다 — 파동의 운동량이 폭넓은 값을 가질 수 있으며, 측정치가 그중 어느 것이든 될 수 있다는 사실이 알려져 있다.

역으로, 파동의 운동량이 고정되어 있거나 작은 범위에 한정된다는 사실을 알고 있다면, 파동의 마루는 아주 넓을 수 있으며, 그 파동의 위치는 정확히 알 수 없게 된다. 이 결과는 실험실의 장비나 기법이 얼마나 뛰어난지와는 아무런 상관이 없다. 파동의 마루가 충분히 넓으면 그 위치를 확실하게 측정할 수 없는 것이다!

하이젠베르크는 이것을 입자의 불확정성 원리(uncertainty principle)로 정식화(定式化)했다. 즉 어떤 입자의 위치에 대한 불확정성에, 그 입자의 운동량에 대한 불확정성을 곱한 값은, 작지만 유한한 값인 플랑크 상수를 4π로 나눈

수보다 크다. 한 입자의 위치를 정확히 안다면, 그 운동량은 매우 불확정적일 수밖에 없다. 왜냐하면 두 불확정성의 곱이 특정한 값보다 크기 때문이다. 역으로, 입자의 운동량을 잘 알고 있다면, 그 위치는 명확하게 결정되지 않을 것이다.

하나의 전자가 특정 속력(원한다면 운동량이라고 해도 좋다)으로 당신 앞을 지나간다고 하자. 당신에게 주어진 임무는 가능한 동시에 정확하게 그 위치와 속력을 측정하는 것이다.

그건 아주 간단한 일인데요. 자동차의 위치와 속도를 알아낼 때 레이저 빔을 쏘듯이, 전자의 위치와 속력을 알려면 그 전자에 광자 한두 개를 쏘아서 다시 튀어나오게 하면 되잖아요.

맞아요. 그리고 광자가 에너지를 더 많이 가질수록 파장이 짧아지니까, 에너지가 높은 광자를 사용할수록 전자의 위치를 마음대로 정할 수 있겠죠.

작은 전자에 높은 에너지의 광자를 쏜다는 생각이 문제가 되는 이유는, 그것이 자동차에 다른 자동차를 충돌시킨다는 생각과 마찬가지이기 때문입니다. 그렇게 되면 광자는 전자에 엄청난 충격을 주게 될 테고, 전자에 불확정한 운동량을 가하게 되죠. 더구나 전자의 위치를 더 정확하게 측정하기 위해서 점점 더 에너지가 강한 광자를 충돌시킨다면, 전자에 훨씬 더 큰 충격을 주게 되고 전자의 운동량의 불확정성은 점점 더 높아지게 됩니다!

$$\Delta x \Delta p \geq \frac{h}{4\pi}$$

빛은 자동차에 충돌해도 자동차의 속력이나 운동량에 별다른 영향을 미치지 않는다. 그러나 전자에 높은 에너지의 빛을 투사하면, 그 빛은 전자의 운동을 변화시키고, 그 운동량에 불확정성을 남기게 된다. 이것이 하이젠베르크의 불확정성 원리가 실제로 적용되는 예이다.

이로써 하이젠베르크가 결정론적 우주관을 확실히 무너뜨린 것 같군요. 설령 당신이 궁극의 슈퍼 컴퓨터를 가지고 있어서, 미래를 계산할 수 있다고 해도 컴퓨터에 입력하기 위해서 모든 입자의 위치와 운동을 완전히 결정할 수 없어요. 좋든 싫든 간에 우리는 양자 수준에서 예측 불가능한 세계 속에서 살아갈 수밖에 없는 운명이에요.

> 그 누구도 양자역학을 이해할 수 없다고 말해도 과언이 아닐 것이다.
> ―리처드 파인먼

베르너 하이젠베르크가 차를 몰고 나갔다가 교통경찰관에게 단속을 당해서 차를 길가에 세웠다. 순찰차에서 내린 경찰관은 어슬렁어슬렁 하이젠베르크에게 다가와서 이렇게 물었다. "선생님, 지금 얼마나 빠른 속도로 차를 몰았는지 아십니까?"

하이젠베르크는 경찰관을 빤히 쳐다보면서 말했다. "모르겠는데요. 하지만 내가 어디에 있는지는 **정확히** 압니다."

11
기묘한 양자역학, 우주를 만나다

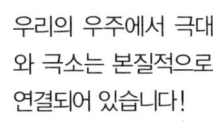

$$\Delta E \Delta t \geq \frac{h}{4\pi}$$

우리의 우주에서 극대와 극소는 본질적으로 연결되어 있습니다!

아직도야?! 나는 벌써 15페이지 전부터 머리가 터질 지경이라고요. 그리고 생각해봐요. 나는 항상 파동의 열렬한 팬이었다고요.

이런, 젠장. 이건 하이젠베르크의 불확정성 원리의 또다른 변형판이군. 그 친구들이 다시 돌아올 때까지 기다려보자고.

베르너 하이젠베르크가 양자세계에서 특정한 양(量)의 쌍이 동시에 임의로 결정될 수 없다는 것을 발견했다는 사실을 상기하자. 위치와 운동량이라는 한 쌍의 양이 양자 결정론의 붕괴를 이끌었다. 불확정성 원리를 구성할

수 있는 또다른 쌍의 양이 있다. 예를 들면, 양자 불확정성 원리의 또다른 형태에는 에너지와 시간이 포함된다. 그럼 이제 준비하시기를, 이 특정한 형태의 불확정성 원리에서 여러 가지 기묘한 일들이 샘솟을 테니까.

> 이런 에너지-시간 불확정성 원리를 생각해볼 수 있습니다. 만약 한 입자가 아주 짧은 시간 동안만 특정한 양자 상태로 존재할 수 있다면, 그 에너지는 매우 불확실해져요.

> 전혀 기묘하게 들리지 않는데요. 그건 슬픈 일이에요. 불쌍한 입자는 곧 사라질 수밖에 없기 때문에 당황한 거죠. 우리는 모든 입자를 사랑하고 돌볼 필요가 있어요, 그렇게 생각하지 않나요?

> 자, 이제 여러분들에게 놀라운 광경을 보여드리겠습니다. 어어…… 아무것도 없네!

양자세계가 얼마나 기괴한지 이해하기 위해서, 절대적인 무(無)에 대해서 생각해보자. 그렇다. 무, 또는 물리학자들이 진공(眞空, vacuum)이라고 부르는 것 말이다. 고전물리학에서 진공은 그야말로 아무것도 없는 것이다. 언제나 불변이고, 지루하기 짝이 없는 무이다. 절대적으로 아무것도 없는—공기조차 없는—상자를 상상하기는 힘들다. 그러나 그것이 과학자들이 진공에 대해서 말할 때 의미하는 것이다.

그러나 양자역학의 세계에서는 사태가 조금 다르다. 양자역학이 구체적인 사례에서 어떤 일이 일어나는지 정확히 보는 방식이 아니라 어떤 일이 일어날 수 있는 확률과 가능성을 다룬다는 점을 상기할 필요가 있다. 일어날 수 있는 일이 일어나게 된다는 것이다.

"아무것도 없는 무"를 상상하는 건 그리 어렵지 않아요. 서퍼 녀석의 머릿속으로 한 발짝만 들어가보라고요!

알겠어요. 그런데 그게 무와 무슨 관계가 있다는 거죠?

공간상의 비어 있는 영역, 즉 진공을 상상해보세요. 양자역학에 따르면, 그 공간 영역 속의 에너지는 불확정성 원리와 일치하는 방식으로 변동, 또는 요동할 수 있어요. 다시 말해서, 아무것도 없는 상자 속에서도, 극히 짧은 시간 동안 변동이 일어난다면, 에너지가 아주 큰 값으로까지 요동할 수 있습니다. Δt가 작다면, ΔE는 클 수 있다는 말입니다. 양자역학이 허용하는 이러한 에너지 변동을 양자적 요동(quantum fluctuation)이라고 해요. 질량-에너지 등가원리를 기억하겠죠? 에너지 요동이 충분히 크면, 그 에너지가 입자-반입자 쌍으로 전환될 수 있어요. 이 쌍은 거의 순간적으로 소멸합니다. 불확정성 원리에 위배되지 않으려면, 이 쌍은 순간적으로만 존재할 수 있기 때문이죠.

그러니까, 진공이 바로 비어 있는 무엇이라는 거죠. 그것은 입자-반입자 쌍이 무를 들락거리며 생성과 소멸을 거듭하며 들끓는 바다와도 같습니다. 다만 이 입자 쌍들이 아주 짧은 시간 동안 지속되기 때문에 볼 수 없을 뿐이죠. 그렇지만 과학자들은 정교한 과학실험을 통해서 이 양자적 진공의 견고한 증거를 밝혀냈어요.

우와! 그리고 사람들은 나를 기묘하다고 하지.

잠깐, 이 털북숭이에 자라목을 한 얼간이! 이런 식으로 슬쩍 빠져나갈 수 있을 거라고 생각하는 모양인데. 도대체 반입자(反粒子, antiparticle)라는 게 무슨 뜻이죠? 「스타 트렉」에 나오는 알아들을 수 없는 횡설수설 비슷한 건가요?

오, 미안해요. 모든 종류의 근본 입자들은 쌍둥이처럼 모든 것이 똑같지만 전하만 정반대인 반입자를 가집니다. 전자가 음전하를 가진다는 말은 들어보았죠? 과학자들은 실험실에서 그 반입자인 양전하를 띤 전자, 즉 양전자를 발견했어요(그리고 일상적으로 만들 수 있죠). 과학자들은 반-양성자와 반-수소 원자도 만들었어요.

만약 충분한 반물질(反物質, antimatter)이 있다면, 그 입자들이 합쳐져서 반물질 원자가 만들어질 수 있고, 반-개나 그 밖의 반-존재들이 탄생할 수 있겠죠. 그렇지만 실제로 반물질이 물질과 만나면, 그 입자들이 쌍소멸(雙消滅)해서 모든 질량이 고에너지 광자 형태의 에너지로 바뀝니다.

그렇다면 이 우주가 온통 물질로만 이루어져 있는 까닭은 뭐지? 우주가 물질이 아닌 반물질로 이루어져 있거나, 물질과 반물질의 혼합이 아닌 이유가 뭐냐고? 그리고 반-스파게티를 먹으면, 내 체중이 좀 줄어들까?

왜 우주가 반물질이 아닌 물질로 이루어져 있는지 아는 사람은 아무도 없어요. 과학자들은 물질과 반물질 사이의 작은 차이를 발견했고, 그 차이를 통해서 우주에서 물질이 우세해진 이유를 설명할 수 있을지 연구하고 있죠. 그 문제는 아직도 과학자들이 풀기 위해서 애쓰고 있는 수수께끼입니다.

그거 알아요? 나는 지금 무니, 반물질이니 하는 이야기가 무척 따분해요.

저도 그래요. 그 대신 양자역학에서 본 힘의 본질에 대한 이야기를 해볼까요!

불확정성 원리는 입자와 자연력을 이해하는 데에 결정적으로 중요한 역할을 하고 있다. 불확정성 원리가 어떻게 작동하는지 살펴보자. 우주 공간을 지나는 하나의 전자를 생각해보자.

이 전자가 방출한 광자가 전자-양전자 쌍으로 바뀐 다음, 다시 광자로 전환되어 전자에 의해서 재흡수되었다고 가정해보자.

그건 불가능하다고요! 에너지 보존 법칙에 위배돼요. 무로부터 뭔가를 만드는 건 불가능한 일이에요!

분명히 가능하다니까요.······극히 짧은 시간 동안 일어난다면 불확정성 원리에 어긋나지 않아요. 양자역학의 마술과도 같은 이상한 세계에 오신 것을 환영합니다!

양자역학은 입자를 불확정성 원리, 전하보존 원리 등이 허용하는 가능성들의 종합으로 본다. 따라서 양자세계에서 전자는 작은 공깃돌보다는, 불쑥 나타났다가 관찰하기에 너무 짧은 순간에 사라지는, "가상" 입자들의 희미한 구름과 더욱 비슷하다.

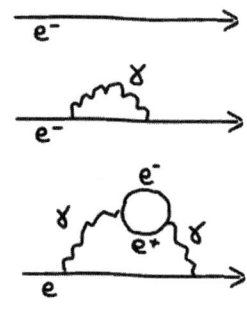

나는 전자를 이러한 여러 가지 가능성들에다가 그 밖의 더 많은 가능성들까지 모두 합친 종합으로 본답니다.

아주 멋진 그림들이군. 내가 로스앤젤레스의 문신 가게에서 봤던 것들과 비슷한데. 그런데, 진지하게 하는 말인데, 왜 내가 볼 수 있을 만큼 길게 존재하지도 않는 것들에 관심을 쏟아야 하지? 가상 입자라는 것들이 나타났다가 사라지는 게 뭐 그리 대수냐고?

당신이 엄청난 초능력을 가지고 있어서, 시간을 멈추고 원자보다 더 작은 아원자 입자(亞元子 粒子, subatomic particle)들을 직접 볼 수 있다고 하자. 그리고 공간 속을 지나가는 전자를 본다고 하자. 어느 한순간에 시간을 정지시키고 자세히 살펴보면, 그 전자가 정상적인 상황에서는 볼 수 없을 만큼 빠른 속도로 나타났다가 사라지는 가상 입자들의 구름으로 이루어져 있다는 사실을 알게 될 것이다. 양자역학은 어떤 가상 입자들이 존재하게 될지 이야기해줄 수 없으며, 구름 속에서 가상 입자들의 특정 구성을 발견할 수 있는 확률을 알려줄 수 있을 뿐이다. 구름 속의 가상 입자들 속에 그 전자의 본질이 들어 있다. 다시 말해서, 구름 속의 입자들이 원래 입자의 전하와 운동량을 가지고 있는 것이다.

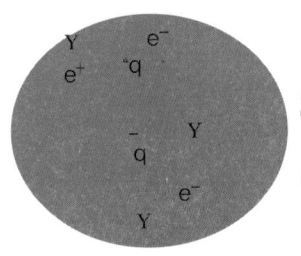

입자 맨에 의해서 시간이 정지한 가상 입자들의 전자 구름

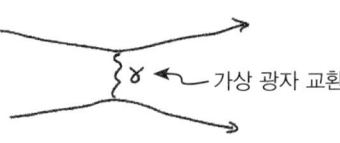
가상 광자 교환

이번에는 시간을 정지시키는 대신, 당신이 지켜보는 전자가 다른 전자의 근처를 지나는 동안 앞쪽으로 아주 느리게 움직이도록 두기로 하자. 이때 당신은 아주 기이한 장면을 관찰하게 된다. 2개의 전자 구름 사이에서 가상 입자들 중 1개가 서로 교환되는 것이다. 가상 입자는 운동량을 가지고 있기 때문에 당신이 본 것은 입자들이 운동량을 교환하는 모습이다. 이것이 힘의 본질이다.

얼음 위에서 스케이트를 타고 있는 두 사람이 무거운 연습용 공을 던지면서 주고받는다고 하자. 공을 던질 때, 그 사람은 조금 뒤쪽으로 밀려난다. 다른 사람도 공을 받는 순간 뒤쪽으로 약간 밀려난다. 두 사람 사이에서 이루어지는 공의 교환은 둘 사이에 작용하는 힘과 같다.

양자역학에서 힘의 본질은 가상 입자들의 교환이다. 그 힘의 성격은 교환되는 가상 입자의 종류에 따라서 결정된다.

헤이, 내 마지막 데이트 상대가 나를 연애박사 자연력이라고 불렀어. 아마도 그 말은, 여기저기서 튀어나오는 멋진 가상 입자들 중 일부를 잡았다는 뜻인 것 같아.

힘에 대한 이러한 개념이 괴상하게 보일 수 있지만, 매우 훌륭한 설명을 제공한다. 이 개념은 표준모형이라고 불리는 힘과 물질구조에 대한 기본 이론의 토대를 이룬다.

우리가 일상생활에서 관찰하는 힘은 중력이나 전자기력과 같은 기본적인 힘으로 설명할 수 있다.

자동차가 느려지는 것은 마찰력 때문이다. 마찰은 물체의 표면들끼리 전자기적으로 끌어당기는 힘 때문에 일어난다.

사과가 떨어지는 것은 중력 때문이다.

기타 등등.

총알이 발사되는 것은 화약에 불이 붙어서 나타나는 화학반응 때문이다—불이 붙는 것은 전기적으로 대전된 입자들의 재배열, 즉 전자기적 과정이다.

실제로 물리학자들은 자연에 네 가지 기본적인 힘이 있다는 증거를 발견했어요.

강한 핵력(강력)(Strong nuclear force)

이것은 자연에서 가장 강한 힘으로, 양성자와 중성자를 이루는, 쿼크(quark)라고 불리는 입자들을 한데 결합시키고 원자핵이 흩어지지 않게 해준다. 이 힘은 원자핵의 범위 안에서만 작용한다.

전자기력(Electromagnetism)

이 힘은 강력에 비해서 20배에서 50배가량 약하다. 전자기력은 전자가 원자나 분자를 벗어나지 못하게 잡아주는 역할을 한다. 모든 화학반응은 본질적으로 전자기 반응이다. 모든 파장에서 일어나는 빛의 모든 상호작용도 전자기력에서 기인한다.

약한 핵력(약력)(Weak nuclear force)

이 힘은 전자기력과 비슷한 세기이다. 그러나 약한 핵 상호작용은 아주 드물게 일어난다. 이 힘은 일부 종류의 방사성 붕괴를 일으킨다.

중력(Gravitation)

이 힘은 자연에서 알려진 것들 중에서 가장 약한 힘이다. 일반 상대성 이론에서 중력은 시공의 휘어짐에 의해서 나타나는 것으로 생각되었다. 많은 물리학자들은 언젠가 우리가 가상 입자들의 교환으로 중력을 설명할 수 있을 것이라고 믿고 있지만, 아직까지는 제대로 작동하는 양자 중력 이론을 수립하지 못했다.

> 안됐네요. 서퍼 친구. 당신 같은 얼굴로는 자연력 명단에 이름을 올릴 수 없어요.

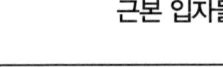 근본 입자들

> 표준모형에서 우주에는 쿼크, 렙톤(lepton, 경입자[輕粒子]), 그리고 게이지 보손(gauge boson)이라는 세 가지 종류의 기본적인 힘들이 있습니다.

쿼크

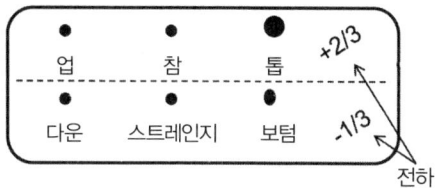

쿼크에는 모두 여섯 가지 종류가 있다. 이 입자들은 분수의 전하를 가지며, 둘이나 셋씩 모여서 양성자와 중성자와 같은 다른 입자들을 생성한다. 마치 딱풀처럼 쿼크들이 서로 들러붙게 붙여주는 것이 바로 강력이다.

렙톤

렙톤도 여섯 가지 종류이다. 우리에게 가장 친숙한 렙톤은 전자이다. 뮤온(muon, 뮤[μ] 입자)과 타우(tau)는 전자와 아주 비슷한데 조금 더 무겁다. 전자, 뮤온, 그리고 타우 입자는 모두 전하를 가지며 다른 입자들과 전자기 상호작용을 할 수 있다. 그 밖에 뉴트리노(nutrino, 중성미자[中性微子])라고 불리는 세 개의 렙톤이 있다. 뉴트리노는 질량이 거의 없고 전하를 가지지 않는다. 이 입자들은 약한 핵력에만 상호작용을 한다. 따라서 다른 입자들과 거의 상호작용을 하지 않는다.

게이지 보손

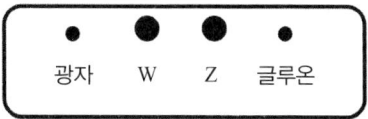

게이지 보손은 힘을 전달할 때 교환되는 입자들이다. 전자기력은 가상 광자가 교환되면서 전달되고, 강력은 글루온(gluon)에 의해서 매개되고, 약한 핵력은 W와 Z 입자들에 의해서 전달된다.

173

힉스

또 하나의 입자인 힉스 입자(Higgs particle)는 표준모형에서 중요한 역할을 한다. 이 입자는 아직 실험을 통해서 발견되지는 않았지만 과학자들은 힉스 입자를 찾기 위한 노력을 계속하고 있다(2012년 7월 4일 유럽 입자물리 연구소 [CERN]는 '신의 입자'라고도 불렸던 힉스 입자를 발견했다/역주).

지금 농담하는 거지? 도대체 이런 괴상한 이름을 붙인 당신네 물리학자들은 어떤 인간들인지 묻고 싶군.

흐흐흐. 지금 나는 "스트레인지"나 "보텀" 입자를 연구하는 과학자가 자기 엄마에게 평생 동안 연구했던 내용을 어떻게 설명할지 상상하고 있다고요.

물리학자들은 입자들을 빠른 속도로 발사해서 서로 충돌시키는 강력한 입자가속기를 이용해서 대부분의 표준모형 입자들을 발견했다. 충돌로 발생한 에너지 덕분에 충돌에서 붕괴되거나 유출된 입자들이 거대한 검출기로 관찰된다. 과학자들은 이 방법을 이용해서, 정상적인 상태에서는 볼 수 없었던, 양자 입자들과 그 과정들을 연구할 수 있었다. 이것은 자연이 어떻게 움직이는지, 그리고 우주가 어떻게 오늘날과 같은 모습으로 진화되었는지를 충분히 이해하기 위해서 필수적이다.

제발! 어떻게 눈에 뵈지도 않는 쪼끄만 것들이 우주처럼 상상할 수 없이 거대한 것에 영향을 줄 수 있다는 말이죠? 당신 머릿속은 쿼크나 그 비슷한 것들로 가득 차 있는 게 분명하군요.

극미한 세계의 탐구는 매우 흥미롭고, 수많은 노벨상 수상자들이 이 분야에 대한 연구로 상을 받았죠. 더 많은 것을 알고 싶으면 다음 주소로 가보세요. http://www.particleadventure.org/

표준모형은 매우 성공적인 이론입니다. 이름은 평범하지만, 내용은 훨씬 더 대단해요. 이 이론은 우주가 태어난 지 얼마 안 돼서 무척 뜨거웠을 무렵의 모습을 보여주죠. 그럼 좀더 자세히 이야기해볼까요.

잠깐!

이런, 또 당신인가요?

이봐요. 교수 양반. 이 책은 상대성 이론과 양자역학에 대한 거예요. 표준모형에 대한 이야기는 이제 이쯤에서 그만둬요. 그건 다른 책에서 다룰 주제라고요. 계속하면 경고를 받게 될 테니.

실례해요. 교수님이 그 이상한 옷을 입은 친구에게서 벗어날 수 있도록 교수님에게 뭔가를 보여드려야 할 것 같군요.

과학자들에게는 탐구해야 할 흥미롭고 당혹스러운 문제들이 아직도 산더미처럼 쌓여 있기는 하지만, 그들은 양자역학과 표준모형을 통해서 물질의 구조와 자연의 힘들에 대해서 많은 것을 이해했다.

이 새로운 이해를 통해서 밝혀진 가장 흥미로운 사실 중의 하나는 극미한 양자세계가 거대한 우주의 역사 및 그 구조와 밀접한 관련을 가진다는 것이다.

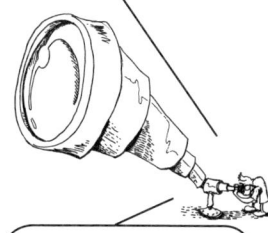

멀리 떨어진 은하들은 우리에게서 계속 멀어지고 있는 것처럼 보이죠. 이상하지 않아요?

그 이상한 심판이 나를 방해하기! 전에 이야기하려던 것이 있었는데요. 그건 우리가 팽창하고 있는 우주에 살고 있다는 겁니다.

에드윈 허블(1889-1953)
허블 우주 망원경이라는 명칭은 그의 공적을 기리기 위한 것이다. 그가 이 사진에서 보이는 것보다는 행복한 순간들을 보냈을 것이라는 데에는 의문의 여지가 없다.

1900년대 초, 천문학자들은 가장 가까운 은하들을 제외하고 우주의 모든 은하들이 우리로부터 멀어지는 것처럼 보인다는 사실에 주목했다. 1929년에 에드윈 허블과 밀턴 휴메이슨은 은하들이 우리로부터 멀어지는 속도가 그 은하와 우리 은하계 사이의 거리에 비례해서 빨라진다는 사실을 알아냈다. 이것은 우리 우주의 공간이 팽창하고 있다는 강력한 증거이다.

은하들이 우리에게서 멀어지고 있다고요. 알겠어요. 하지만 왜 과학자들이 우주의 공간이 팽창하고 있다고 생각하는 건지 이해할 수가 없네요. 도대체 그 이유가 뭐죠?

우리 은하에서 고약한 냄새가 나서 다들 도망가는 거 아닌가?

부풀어오르는 건포도 빵 반죽이 눈앞에 있다고 하자. 처음에 건포도는 반죽 속에 골고루 섞여 있었다. 그런데 반죽이 부풀어오르면서 건포도들 사이에 있는 반죽이 팽창하면 건포도는 다른 건포도들과 멀어지게 된다. 그러나 하나의 건포도의 관점에서 보면, 반죽이 부풀어오를수록 멀리 떨어진 건포도들보다 인접한 건포도들이 느리게 멀어지는 것처럼 보일 것이다. 부풀어오르는 빵 반죽에 비유했던 우주 속 공간의 팽창은 허블과 휴메이슨이 예측했던 결과와 정확히 일치한다.

오, 이건 정말 대단한 걸요! 이제 나도 점성술(astrology)과 미용술(cosmetology)을 사랑하게 됐어요!

음……당신 말은 아마도 **천문학**(astronomy)과 **우주론**(cosmology)을 뜻하는 것이겠죠? 우리가 이야기하는 것은 우주론, 즉 코스몰로지라고요. 코스메톨로지는 화장과 손톱 다듬는 기술입니다. 코스몰로지는 전혀 달라요. 우주론은 우주 전체에 대한 연구죠. 우리는 지금 과학적인 우주론 개념들에 대해 토론하고 있다니까요.

시간에 따라 점차 커졌다는 것은 과거에는 그보다 작았다는 뜻이다.

내 허리둘레처럼 말이야!

우리가 팽창하는 우주에서 살고 있다는 깨달음에서 우주의 빅뱅(big bang) 이론이 나왔다.

실험 결과와 일치하는 그 밖의 다른 개념들도 있다. 물리학자들은 실험과 이론 양면에서 우주의 역사를 좀더 명확하게 이해하기 위해서 열심히 연구하고 있다. 오늘날 과학자들 사이에서 가장 많은 지지를 받는 시나리오를 하나 소개하도록 하겠다. 그것은 급팽창 뜨거운 빅뱅 모형(inflationary, hot big bang model)이다.

우후! 급팽창 뜨거운 빅뱅 모형이라. 아주 섹시하고 화끈한 이름인데요!

급팽창 뜨거운 빅뱅 모형을 설명하려면 엄청난 초능력을 불러내야 한다.

아무 문제없어요. 내가 기꺼이 여행 가이드가 돼주죠.

자, 초능력 가이드의 도움으로 대략 우리 우주가 처음 시작되었던 130억 년 전의 시간으로 가보기로 하자. 아직 우주가 존재하지 않았다면 당신은 어디에 있었냐고? 아주 좋은 질문이다. 그래서 초능력 가이드가 필요한 것이다. 당신이 다른 우주나 일종의 시공 거품 안에 있었다고 하자. 과학적 자료는 당시 어떤 일이 있었는지에 대해서 그다지 많은 이야기를 해주지 않는다. 양자역학은 자연의 일부이고, 양자적 요동이 존재하기 때문이다. 양자적 요동은 모든 곳에서 일어나고 있다. 이러한 요동에서 생성된 가상 입자들의 본성도 저마다 다를 수 있다. 양자적 요동의 시공 안에 엄청난 팽창 압력이 존재하는 상황에서, 갑작스럽게 특정한 양자적 요동이 일어난다.

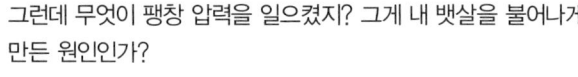
그런데 무엇이 팽창 압력을 일으켰지? 그게 내 뱃살을 불어나게 만든 원인인가?

이 모형을 지지하는 과학자들 사이에서도 무엇이 이 압력을(실제로 그런 압력이 있었다면) 일으켰는지를 둘러싸고 의견이 분분합니다. 그런 압력은 여러 가지 방식으로 일어날 수 있고, 지금까지 특정한 방식을 뒷받침하는 과학적 증거는 없어요. 어쨌든, 당신의 뱃살에서는 이와는 다른 일이 벌어졌을 것 같군요.

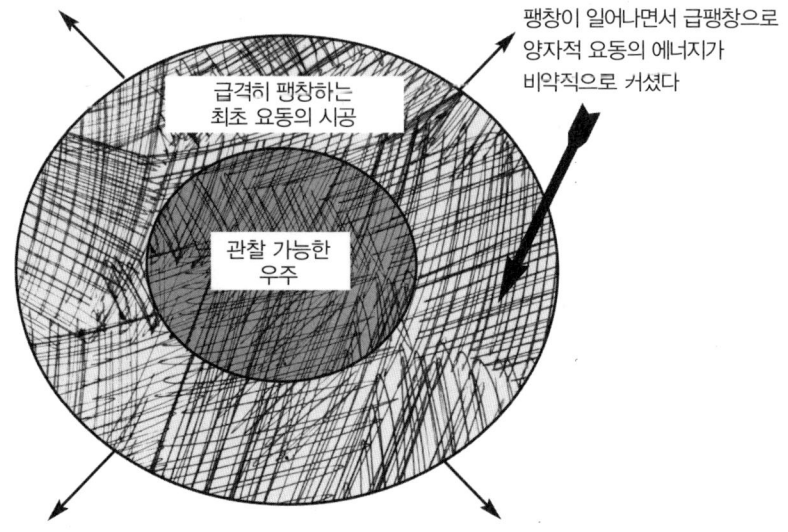

엄청난 팽창 압력에 의해서, 시공의 작은 영역이 급격히 팽창한다. 이것을 급**팽창**(急膨脹, inflation) 시기라고 한다. 이 시기 동안 팽창이 극히 빠른 속도로, 그러니까 빛보다도 훨씬 더 빨리 이루어져서 최초의 양자적 요동은 관찰 가능한 우주보다 훨씬 더 컸다. 관찰 가능한 우주의 크기는 빛이 같은 시간 동안 이동했던 거리에 해당한다. 이 과정은 요동 이후 몇 분의 1초에 해당하는 지극히 짧은 순간에 일어났기 때문에, 새로운 요동들은 그 크기가 빠른 속도로 확장되고, 사라질 수 없게 되어 새로 태어난 작은 우주에 에너지와 온도가 조금씩 다른 영역들을 남기게 되었다.

임산부의 배에 생기는 임신선이 우주에도 나타난 셈이겠네요?

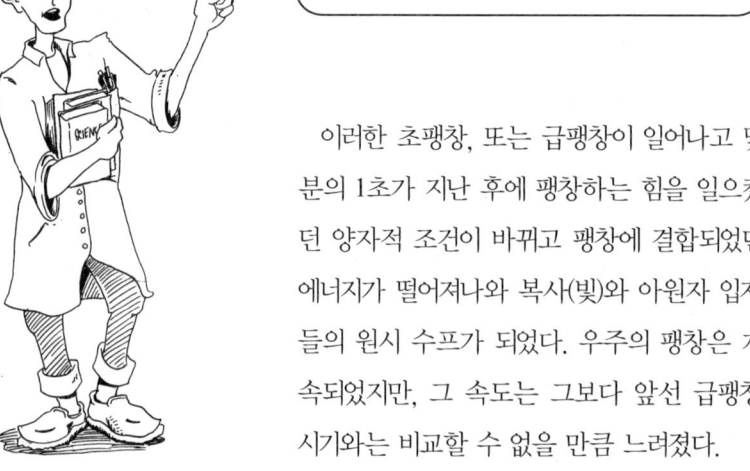

이 모형에 따르면, 이 단계에서 우주는 무늬나 임신선보다는 작고 뜨거운 열점들이 무수히 흩어져 있는 모습이었죠. 온도 편차는 그리 크지 않았고요. 겨우 10만 분의 1 정도였죠.

이러한 초팽창, 또는 급팽창이 일어나고 몇 분의 1초가 지난 후에 팽창하는 힘을 일으켰던 양자적 조건이 바뀌고 팽창에 결합되었던 에너지가 떨어져나와 복사(빛)와 아원자 입자들의 원시 수프가 되었다. 우주의 팽창은 계속되었지만, 그 속도는 그보다 앞선 급팽창 시기와는 비교할 수 없을 만큼 느려졌다.

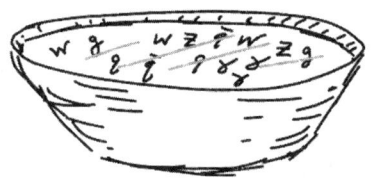

아원자 입자의 수프

원시 수프 상태의 우주에 있던 입자와 전형적인 입자 에너지는 지구에서 가장 강력한 에너지의 입자가속기에서 얻을 수 있는 것과 비슷하다. 우주가 태어난 지 100만 분의 1초가 지난 후, 우주의 온도는 태양 중심의 4만 배 정도로 낮아졌다. 이 온도에서 원시 수프 속의 쿼크들이 응축해서 양성자와 중성자를 생성했다. 입자들의 밀도, 즉 작은 부피 속에 있는 입자들의 수는 우주가 열점을 가지고 있는 지역들이 더 높다.

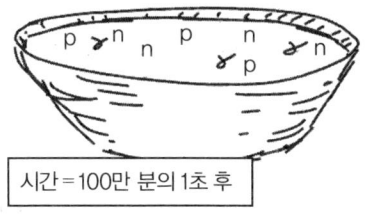

양성자, 중성자, 광자

시간 = 100만 분의 1초 후

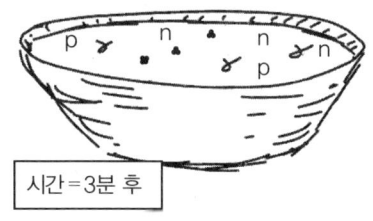

양성자, 중성자, 가벼운 원자핵, 광자

시간 = 3분 후

우주가 탄생한 지 2분에서 3분 후, 온도가 충분히 낮아지면서 일부 양성자와 중성자가 결합해서 가벼운 원자핵을 형성했다. 당시 우주는 대부분 양성자와 전자, 그리고 양자로 이루어져 있었으며, 약간의 가벼운 원자핵이 포함되었다. 전기적으로 대전된 입자들로 이루어진 이 뜨거운 가스 속에서 광자는 빠른 속도로 움직일 수 없었다. 따라서 실제 의미에서, 우주는 불투명했다.

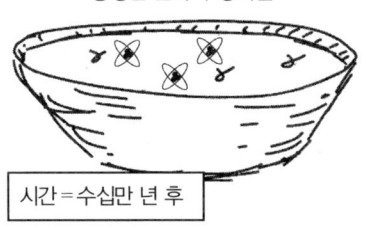

중성인 원자와 광자들

시간 = 수십만 년 후

시작된 지 수십만 년이 지난 후, 우주는 대략 3,000도까지 냉각되었다. 전자가 양성자와 가벼운 원자핵과 합쳐져서 원자를 형성할 수 있는 온도가 된 것이다.

이제 우주 속의 가스는 대부분 전하를 띠지 않게 되었고, 우주는 비로소 빛이 통과할 수 있게 투명해졌다. 일부 빛은 130억 년 동안 방해받지 않고 날아와서 지구상의 과학자들에게 관찰되었다. 빅뱅 초기의 흔적인 이 빛은 하늘의 모든 영역에서 지구로 오는 것처럼 보이며, 우주 배경복사(cosmic microwave)라고 불린다.

오, 우주에 여드름이 났군요.

이것은 하늘 전체를 합성한 사진으로, 우주 배경복사를 보여준다. 우주 배경복사는 우주의 온도가 충분히 낮아져서 중성의 원자가 형성될 수 있었던 130억 년 전에 출발해서 우리에게 온 빛이다. 음영으로 나타난 무늬는 당시 우주의 여러 영역에서 나타난 온도 편차를 보여준다. 이 그림은 미국 항공우주국(NASA)의 WMAP(Wilkinson Microwave Anisotropy Probe) 인공위성에서 보내온 데이터를 기초로 한 것이다.

> 급팽창이 이루어지는 동안 양자적 요동들이 이후 우주에서 뜨겁고 차가운 지점들이 되었다는 것을 기억하죠? 이 구조가 오늘날 우리가 보고 있는 항성과 은하를 형성하는 데에 필수적인 비균일성을 제공했어요.

시간이 흐르면서, 우주의 온도는 계속 낮아졌다. 더 많은 원자를 가진 우주의 영역들은 중력에 의해서 붕괴하기 시작했다. 가스 성운(星雲)이 형성되면서, 이 영역들의 온도는 매우 높아졌다. 마침내 가스 성운들의 온도가 충분히 높아지자 중심부에서 핵반응이 일어났고, 마침내 항성들은 뜨겁게 불타기 시작했다. 그리고 이런 항성들과 가스 성운들이 운집하면서 오늘날 우리가 보는 은하들이 되었다.

> 천상의 다이아몬드처럼 우주 공간에서 반짝이는 수천억 개가 넘는 은하들은 양자역학이 하늘을 가로질러 써넣은 것에 불과하다.
> —브라이언 그린, 『우주의 구조(The Fabric of the Cosmos)』 중에서

> 이봐, 친구. 이제 끝장이에요! 당신을 너무 많은 정보를 유포한 극악무도한 죄로 체포하겠어요.

> 나를 체포한다니 무슨 소리죠? 당신은 그저 심판에 불과한데, 어떻게 나를 감옥에 넣을 수 있죠?

> 철창이 둘러쳐진 아이스하키의 반칙자 대기소에 갇힌다고 생각해보라고요.

더 알고 싶은 사람들에게

좀더 알고 싶은 사람들은 아래의 사이트를 참조하세요.

아인슈타인과 상대성 이론
http://nobelprize.org/educational_games/physics/relativity/
http://archive.ncsa.uiuc.edu/Cyberia/NumRel/EinsteinLegacy.html
http://www.phys.unsw.edu.au/einsteinlight/

빛
http://science.howstuffworks.com/light.htm

양자물리학
http://nobelprize.org/educational_games/physics/quantised_world/
http://physics.about.com/od/quantumphysics/p/quantumphysics.htm

핵물리학
http://library.thinkquest.org/3471/

입자물리학, 물질, 힘
http://particleadventure.org/

우주론
http://map.gsfc.nasa.gov/
http://www.astro.ucla.edu/~wright/cosmolog.htm

인명 색인

가이거 Geiger, Hans 120-122
갈릴레이 Galilei, Galileo 20
고든 Gordon, Dexter 74
그린 Greene, Brian 183

뉴턴 Newton, Isaac 19, 83, 87-88, 116, 142-143

다이슨 Dyson, Frank 83
데카르트 Descartes, René 12
돕슨 Dobson, Henry Austin 25-26
듀이 Dewey, John 115
드 브로이 de Broglie, Louis Victor Pierre Raymond 118, 128-130, 146
디랙 Dirac, Paul 131, 140
디킨슨 Dickinson, Emily 10

러더퍼드 Rutherford, Ernest 120-123
로렌츠 Lorentz, Hendrik 64
로저스 Rogers, George 34
루이스 Lewis, Gilbert 115

마르코니 Marconi, Guglielmo 98
마스던 Marsden, Ernest 120, 122

마이컬슨 Michelson, Albert 38-41, 43
맥스웰 Maxwell, James Clerk 98-99, 102
머턴 Merton, Robert K. 23
몰리 Morley, Edward 38-40, 43
밀리컨 Millikan, Robert 109

버뱅크 Burbank, Luther 44
베이컨 Bacon, Roger 55
보른 Born, Max 131, 156
(닐스)보어 Bohr, Niels 14, 118, 122-128, 156
(오게)보어 Bohr, Aage 126
브라헤 Brahe, Tycho 19, 21

사이즈먼 Theismann, Joe 34
셀리히 Seelig, Carl 43
셰익스피어 Shakespeare, William 99
소로 Thoreau, Henry David 25-26
쇼 Shaw, George Bernard 88
슈뢰딩거 Schrödinger, Erwin 131, 151-152
스티븐슨 Stevenson, Adlai 74

아리스토텔레스 Aristoteles 17

아인슈타인 Einstein, Albert 27, 43-45, 50, 52, 54, 57, 61, 64-64, 74, 77-78, 81-83, 87-91, 98, 109, 111, 115-116, 150, 156
앙페르 Ampére, André Marie 97
앨런 Allen, Woody 24
에딩턴 Eddington, Arthur 83
에버렛 Everett, Hugh 156
에서리지 Etheridge, Melissa 27
우나무노 Unamuno, Miguel de 88

주베르 Jobert, Joseph 29

케플러 Kepler, Johannes 19, 21
코페르니쿠스 Copernicus, Nicolaus 18-19
키팅 Keating, Richard 52

테슬라 Tesla, Nikola 97

파울리 Pauli, Wolfgang 131
파인먼 Feynman, Richard 162
패러데이 Faraday, Michael 97
프랭클린 Franklin, Benjamin 97
프톨레마이오스 Ptolemaeos, Claudios 17, 20
플랑크 Planck, Max 107-108, 111, 116
피엘 Piel, Gerard 13
피타고라스 Pythagoras 17

하이젠베르크 Heisenberg, Werner 116, 131, 158-159, 161-163
허블 Hubble, Edwin 176-177
헤르츠 Hertz, Heinrich 108, 112-113
헤이펠리 Hafele, J. C. 52
헨리 Henry, Joseph 97
휴메이슨 Humason, Milton 176-177